纺织服装高等教育“十三五”部委级规划教材

童装款式设计与结构制板

婴幼童篇

叶清珠 编 著

東華大學出版社
·上海·

内容简介

《童装款式设计与结构制板》分为婴幼童篇、中童篇和大童篇。本婴幼童篇分上装、裤装、裙装、连身装及服饰品五章，详细描述各婴幼童服装的款式及结构制板，品种丰富多样，涉及夏装、春秋装及冬装。全书以款式设计图和结构制板图为主要内容，图片线条清晰，样板齐全，尺寸部位标注完整明了，并对缝制工艺方式做了简单的介绍，使读者更容易将书中的作品转化为一件件实用的成品。本书可作为服装院校师生的教材，也可直接作为童装爱好者制作童装的参样或指导资料。

责任编辑：杜亚玲

封面设计：Callen

图书在版编目（CIP）数据

童装款式设计与结构制板　婴幼童篇 / 叶清珠编著.
— 上海：东华大学出版社，2019.12
ISBN 978-7-5669-1698-3

Ⅰ.①童…　Ⅱ.①叶…　Ⅲ.①童服—服装设计
Ⅳ.①TS941.716

中国版本图书馆CIP数据核字(2019)第288824号

童装款式设计与结构制板　婴幼童篇

TONGZHUANG KUANSHI SHEJI YU JIEGOU ZHIBAN YINGYOUTONGPIAN

叶清珠　编著

出　　版：东华大学出版社（上海市延安西路1882号，200051）
出版社官网：http://dhupress.dhu.edu.cn/
出版社邮箱：dhupress@dhu.edu.cn
发行电话：021-62373056
营销中心：021-62193056　62373056　62379558
印　　刷：苏州望电印刷有限公司
开　　本：889 mm×1194 mm　1/16　印张：9.75
字　　数：300千字
版　　次：2019年12月第1版
印　　次：2019年12月第1次印刷
书　　号：ISBN 978-7-5669-1698-3
定　　价：39.50元

前　言

我国是世界上主要的服装生产国和出口国，服装产业举足轻重。相应地，服装教育体系日趋成熟、完善，而有关童装款式与结构类的书籍，特别是教材还不多。因此，为方便传授给学生实用、规范的服装设计与结构制板知识，方便读者更容易将书中的作品转化为一件件实用的成品，也为了满足我国高等院校服装设计课程和服装爱好者的需要，顺应设计师创意的时代潮流，我们在充分借鉴、吸纳前人和同行已有成果的基础上，结合多年的课堂和实践教学经验，整理、编写了《童装款式设计与结构制板》系列教材。

本系列教材的编写响应国家发展应用型教育的政策，解决应用型人才培养过程中教材难以满足教学现状的问题，将童装款式设计与结构制板能力与本专业的学生实践能力、创新能力和创业能力的培养相结合，以较大程度地激发学生的专业学习兴趣，推动应用型学科的教学改革，着眼于学生的职业技能需求和可持续发展，充分发挥教材在提高教学质量中的示范性作用。在保证基本理论知识的前提下，以学生职业能力培养为目标，突出服装专业技能要求，培养学生的专业实际应用能力，为学生未来的就业打好基础。

本系列教材以实例化、多样化的编写方式，将男童与女童经典服装款式的款式图、结构图、裁剪图、面料说明、工艺说明等做了清晰、系统的绘制与说明，以期给广大服装专业师生和服装爱好者一套实用、规范的童装款式、结构、面料设计的参考与标准。

本册《童装款式设计与结构制板　婴幼童篇》由叶清珠编著完成，其中在每一篇前面集中的款式图由三明医学科技职业学院陈敏绘制。

由于编者时间与经验有限，本书的撰写还存在诸多不足，期待得到各位专家、读者的批评指正。

编　者

教学内容及课时安排

课程 / 课时	节	课程内容
上装（30课时）	一	短连袖和尚衣
	二	插肩袖和尚衣
	三	圆袖弧形下摆和尚衣
	四	对襟小背心
	五	针织背心
	六	对襟长袖上衣
	七	罗纹领针织薄上衣
	八	叠肩短袖T恤
	九	短袖宽下摆衬衫
	十	抽褶领宽松上衣
	十一	冬季无领长大衣
	十二	冬季夹棉上衣
裤装（20课时）	一	一片式开裆裤
	二	合体开裆裤
	三	高腰开裆裤
	四	大PP裤
	五	合体中裤
	六	收褶宽松中裤
	七	抽绳阔腿中裤
	八	七分裤
	九	长裤
裙装（16课时）	一	短节裙
	二	吊带上衣裙
	三	吊带长裙
	四	无袖连衣裙 小飞袖连衣裙 长袖公主裙
连身装（16课时）	一	连腿式肚兜
	二	开裆连体衣
	三	吊带蓬蓬连腿衣
	四	包裆连体衣
	五	春秋季长袖连体衣
	六	冬季长袖连体衣
服饰品（10课时）	一	口罩
	二	花瓣形围嘴
	三	圆弧形围嘴
	四	帽子
	五	布鞋
	六	罩衣

注：各院校可根据自身的教学特点和教学计划对课程时数进行调整。

目 录

上装

裤装

裙装

连身装

服饰品

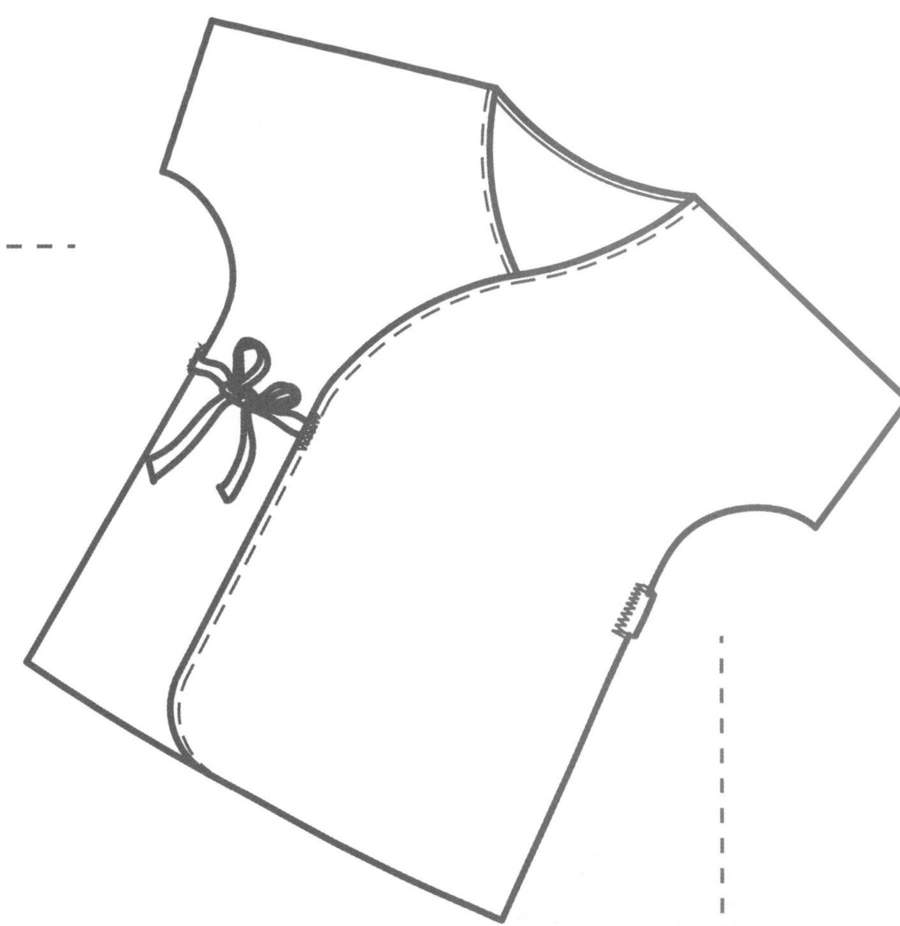

上装

教学目标： 1. 掌握婴幼童上装的款式特点、穿着方式；
2. 掌握婴幼童上装常用的面辅料；
3. 熟悉婴幼童各式上装的规格尺寸；
4. 掌握婴幼童上装款式的结构制图及样板制作。

教学重点： 1. 婴幼童上装的款式设计；
2. 婴幼童上装的结构制板。

教学方法： 1. 引入法：如引入婴幼童的生理特征讲述上装的款式设计及服装结构特征；
2. 演示法：直接示范婴幼童上装的款式绘制和结构制板；
3. 实践法：学生独立进行款式设计与结构制板。

婴幼童上装基本以宽松、舒适的穿着特征为主，款式结构上侧重实用性，面料注重安全性，裁片尽量简单、完整，避免零部件及硬物装饰过多。婴幼童上装款式图如图 1–1 ~ 图 1–3 所示。

图1–1　婴幼童上装款式图①

图1-2 婴幼童上装款式图②

图1-3　婴幼童上装款式图③

一、短连袖和尚衣

采用柔软的纯棉机织薄面料，胸腰间用布带轻捆系结，款式简单，整件上衣柔软轻薄。领圈、门襟处采用细卷边工艺，袖口、下摆采用包缝线迹作暗线挽边工艺。本款非常适合较小婴儿穿着。

1. 款式设计图（图 1-4）

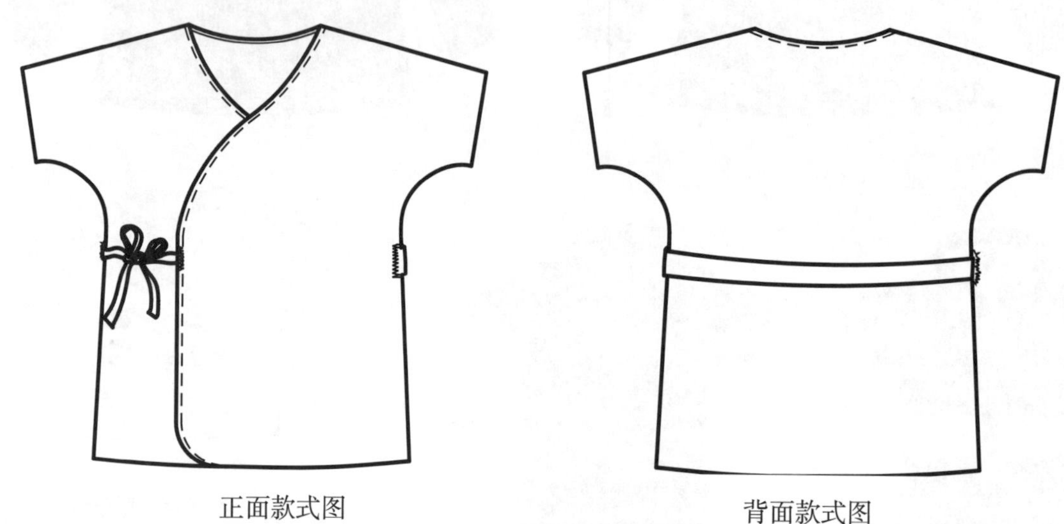

图1-4 短连袖和尚衣款式设计图

2. 结构尺寸

短连袖和尚衣结构尺寸见表 1-1，适合 0 ~ 12 个月婴儿穿着。

表1-1 短连袖和尚衣结构尺寸 单位：cm

身高	衣长	胸围	肩宽	领围	袖长	袖口宽
52	26	46	18.5	25	7	7.5
59	28	48	19	25.5	7.5	8
66	30	50	19.5	26	8	8.5
73	32	52	20.5	26.5	8.5	9
80	34	54	21.5	27	9	9.5

3. 结构制图

短连袖和尚衣结构制图以身高 52cm 婴儿为例，如图 1-5 所示。

4. 裁剪样板

短连袖和尚衣裁剪样板如图 1-6 所示。

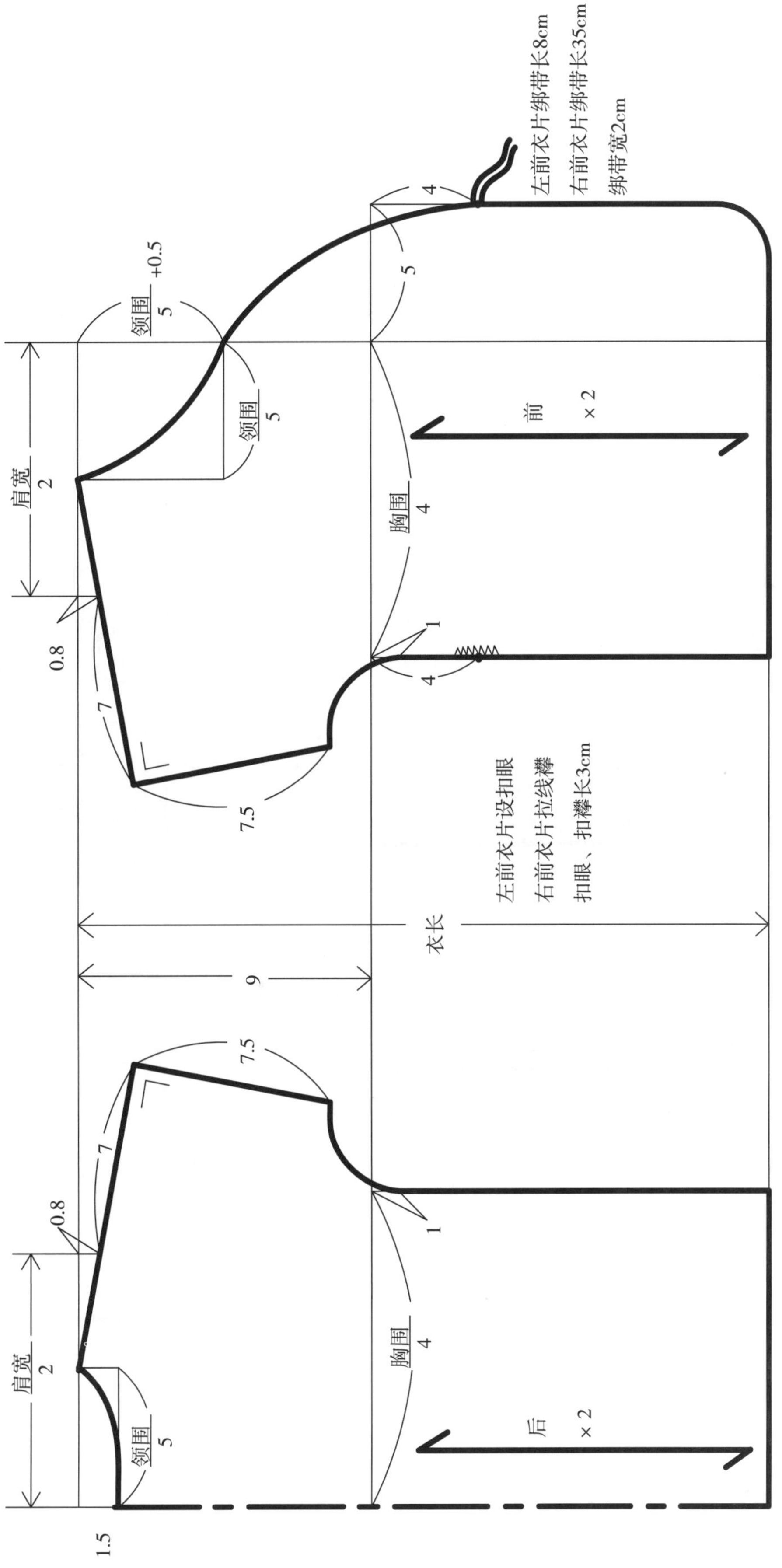
左前衣片绑带长8cm
右前衣片绑带长35cm
绑带宽2cm
领围/5 +0.5
领围/5
肩宽/2
胸围/4
前
×2
后
×2
左前衣片设扣眼
右前衣片拉线襻
扣眼、扣襻长3cm
衣长
9
0.8
7
7.5
1
4
5
1.5

图1–5　短连袖和尚衣结构制图

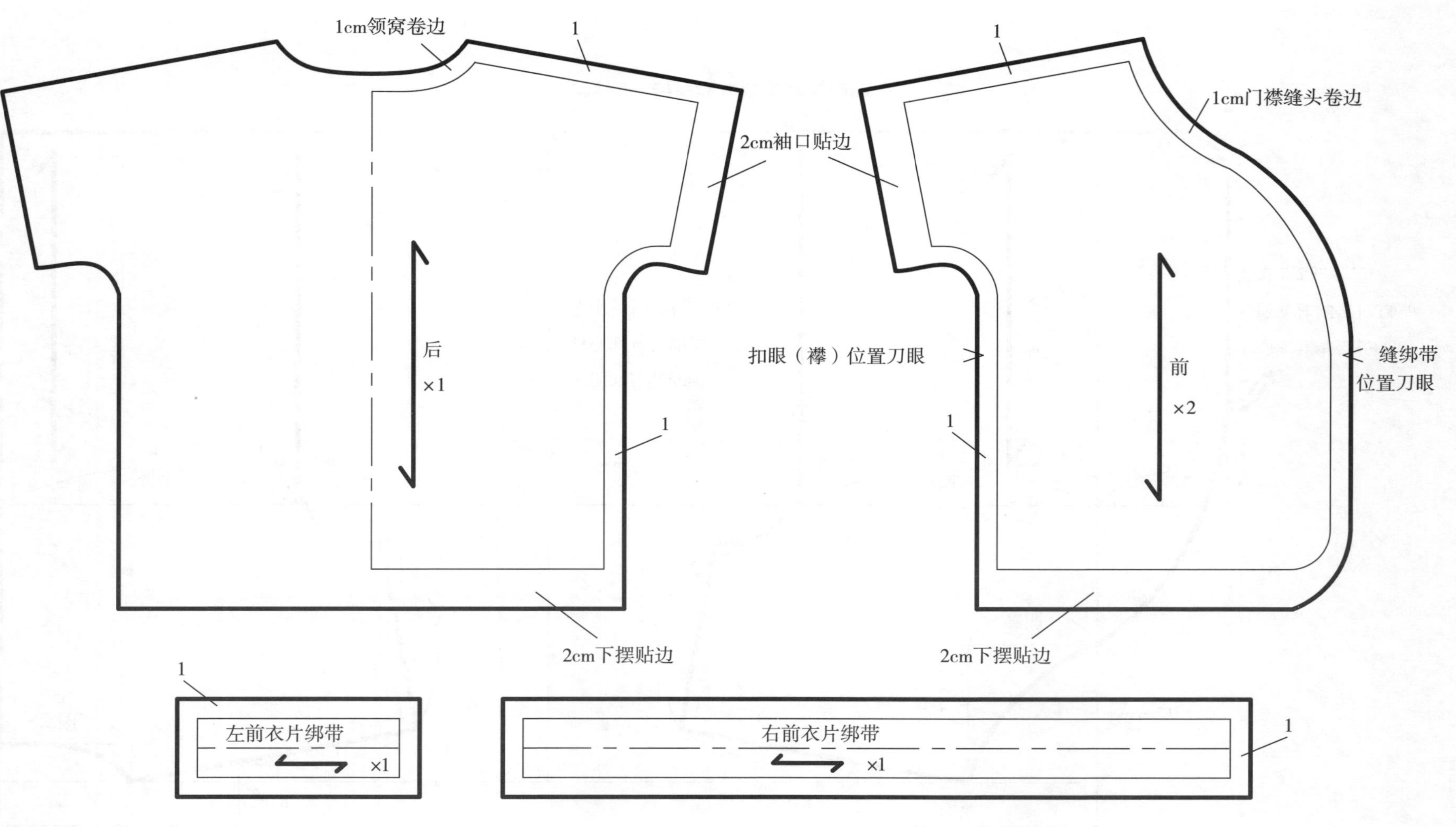

图1-6　短连袖和尚衣裁剪样板

二、插肩袖和尚衣

采用柔软的针织面料，插肩长袖，前衣片在前胸、腰部用绳带系结，穿脱方便。领围、门襟采用单面光边滚边工艺，袖口、下摆采用绷缝线迹双针明线挽边工艺。

1. 款式设计图（图 1–7）

图1–7　插肩袖和尚衣款式设计图

2. 结构尺寸

插肩袖和尚衣结构尺寸见表 1–2，适合 0 ～ 12 个月的婴儿穿着。

表1–2　插肩袖和尚衣结构尺寸　　单位：cm

身高	衣长	胸围	肩宽	领围	袖长	袖口宽
52	27	48	19	25	19	6.5
59	29	50	20	25.5	20.5	7
66	31	52	21	26	22	7.5
73	33	54	22.5	26.5	23.5	8
80	35	56	24	27	25	8.5

3. 结构制图

插肩袖和尚衣结构制图以身高 66cm 婴儿为例，如图 1–8 所示。

4. 裁剪样板

插肩袖和尚衣裁剪样板如图 1–9 所示。

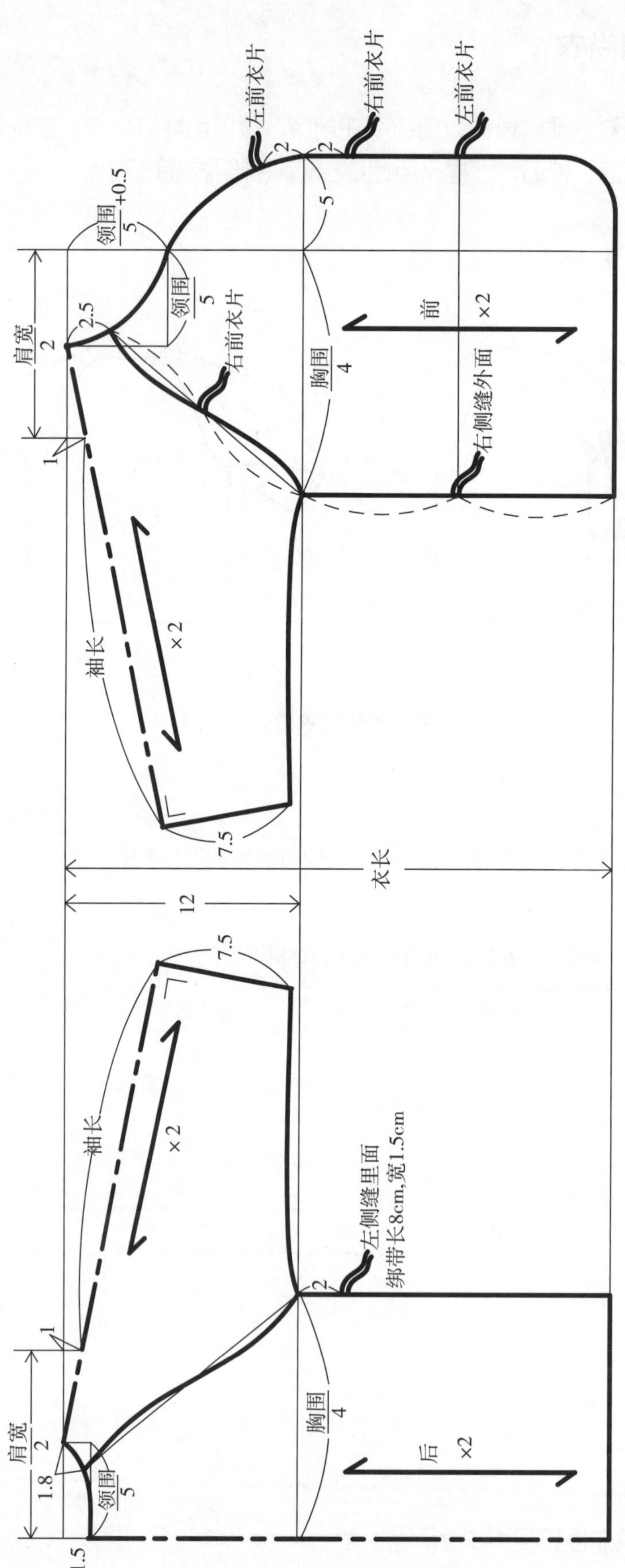

图1-8 插肩袖和尚衣结构制图

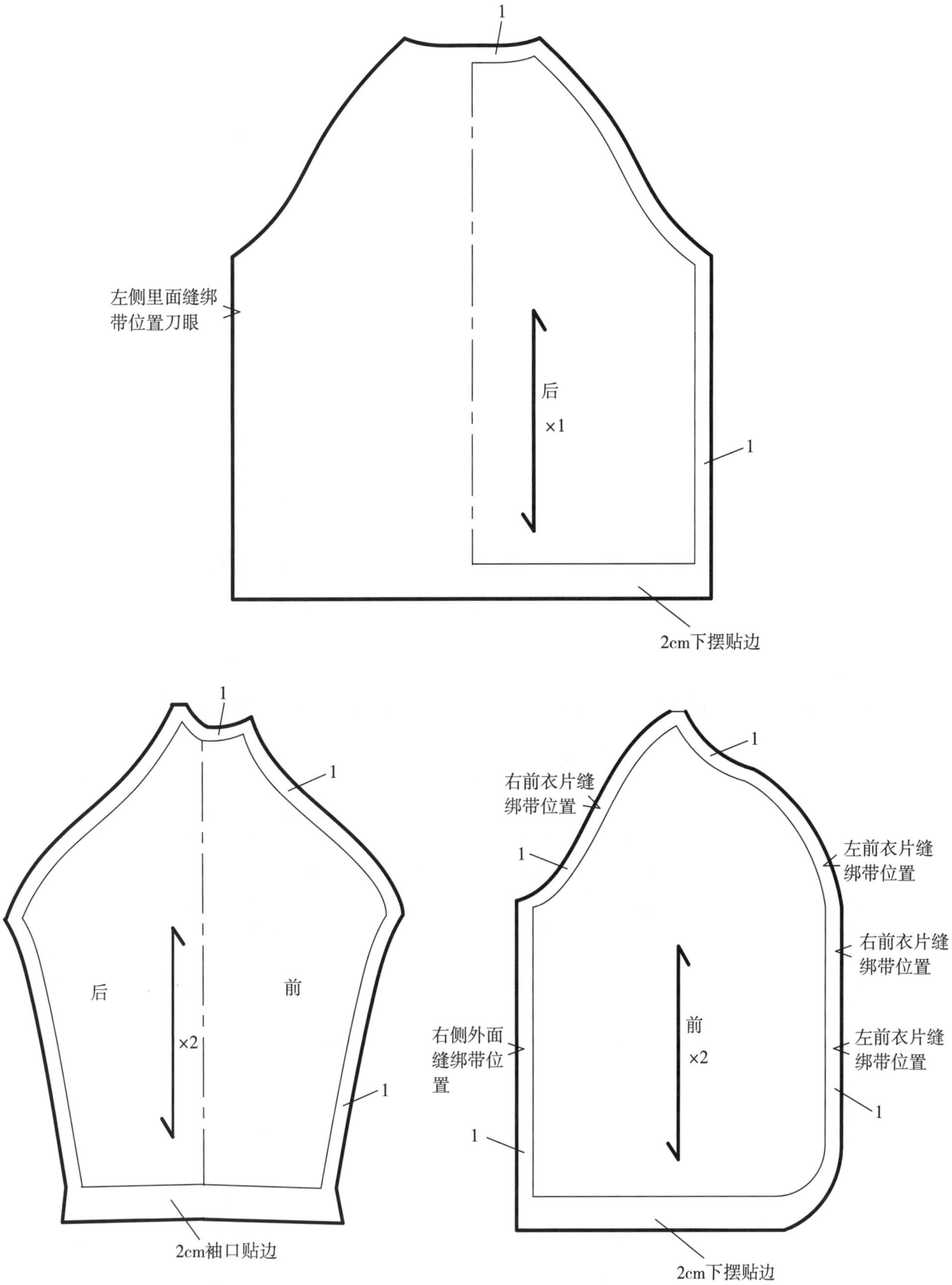

1

左侧里面缝绑带位置刀眼

后

×1

1

2cm下摆贴边

1

1

后

×2

前

1

2cm袖口贴边

1

右前衣片缝绑带位置

1

左前衣片缝绑带位置

右前衣片缝绑带位置

前

×2

右侧外面缝绑带位置

左前衣片缝绑带位置

1

1

2cm下摆贴边

图1–9　插肩袖和尚衣裁剪样板

三、圆袖弧形下摆和尚衣

圆袖弧形下摆和尚衣更加护体、保暖。采用柔软的针织面料或加莱卡的纯棉机织薄面料，款式宽松、简单，前衣片用绳子系结，穿脱方便，非常适合较小婴儿穿着。

1. 款式设计图（图 1–10）

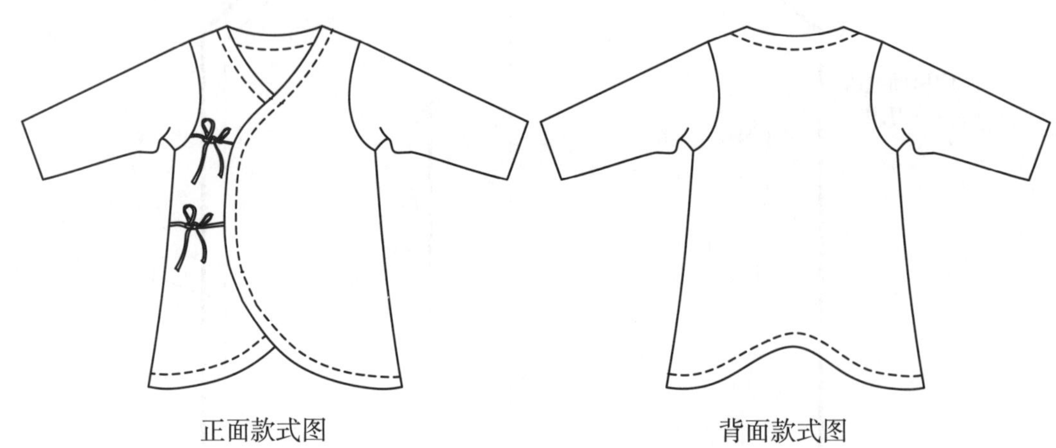

图1–10 圆袖弧形下摆和尚衣款式设计图

2. 结构尺寸

圆袖弧形下摆和尚衣结构尺寸见表 1–3，适合 0 ～ 12 个月的婴儿穿着。

表1–3 圆袖弧形下摆和尚衣结构尺寸 单位：cm

身高	衣长	胸围	肩宽	领围	袖窿深	袖长	袖口宽
52	31	48	19	25	10.5	19	6.5
59	33	50	20	25.5	11	20.5	7
66	35	52	21	26	11.5	22	7.5
73	37	54	22.5	26.5	12	23.5	8
80	39	56	24	27	12.5	25	8.5

3. 结构制图

圆袖弧形下摆和尚衣结构制图以身高 66cm 婴儿为例，如图 1–11 所示。

4. 裁剪样板

圆袖弧形下摆和尚衣裁剪样板如图 1–12 所示 。

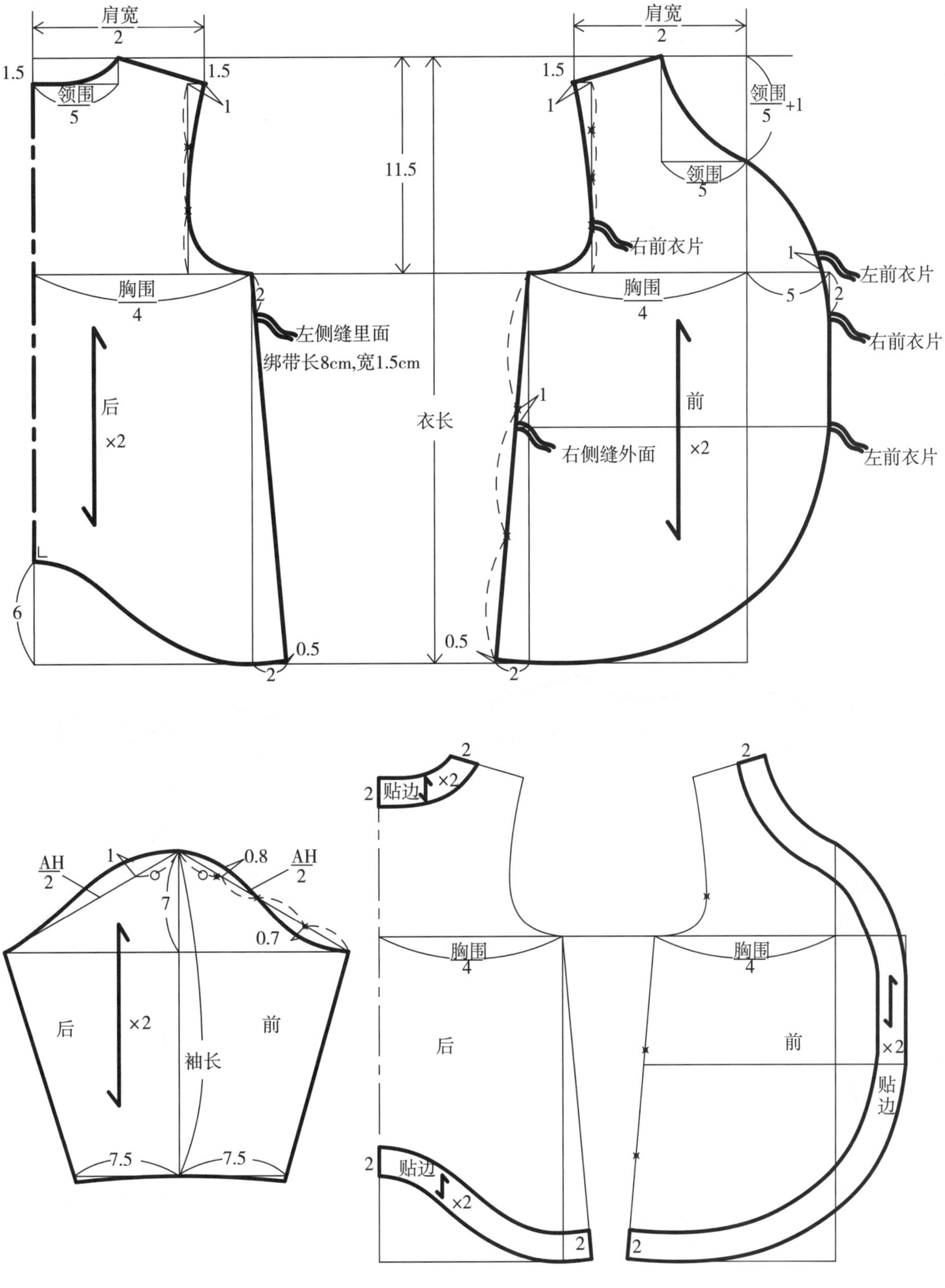

图1-11　圆袖弧形下摆和尚衣结构制图

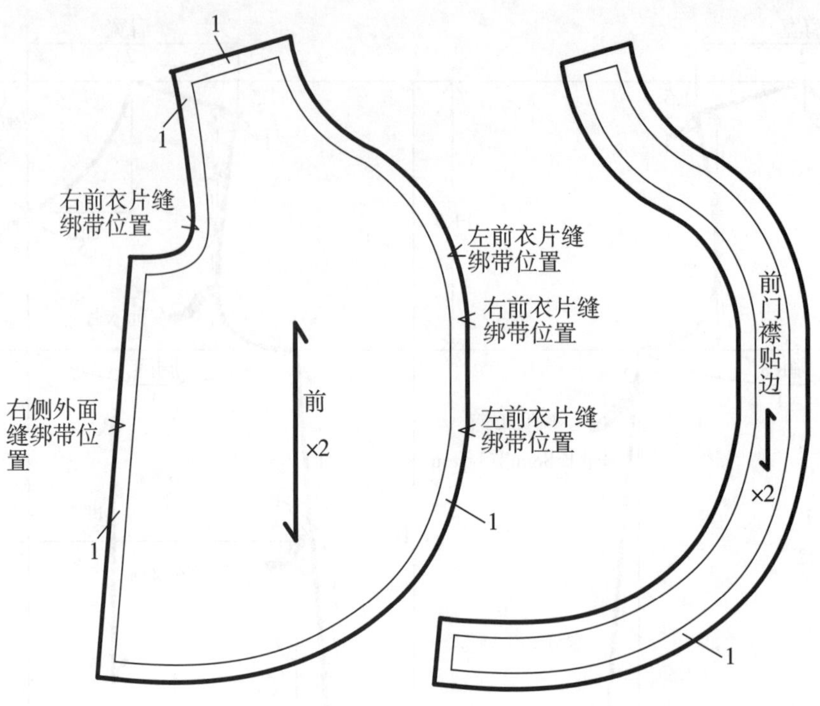

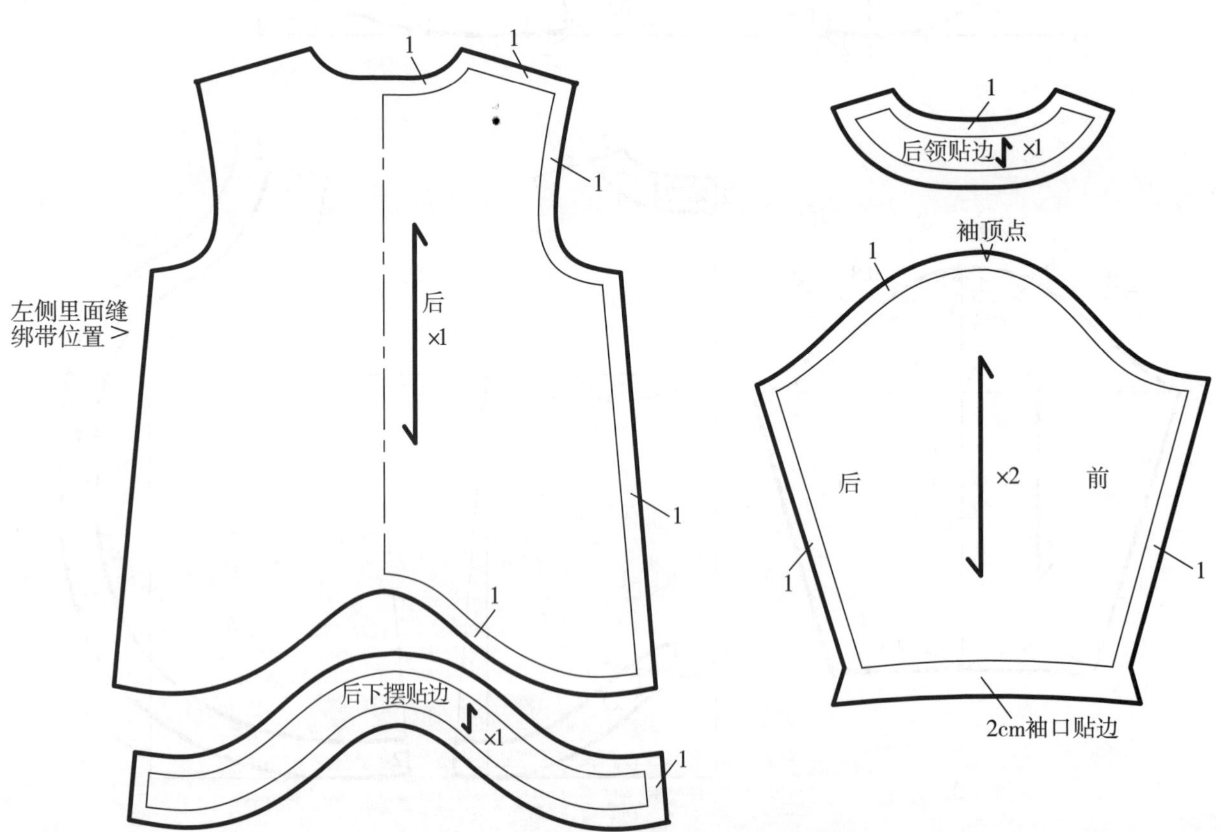

图1-12 圆袖弧形下摆和尚衣裁剪样板

四、对襟小背心

采用柔软针织纯棉薄面料，领口和袖口采用绷缝机进行单面光边滚边工艺。适合较小婴幼童穿着。

1. 款式设计图（图 1–13）

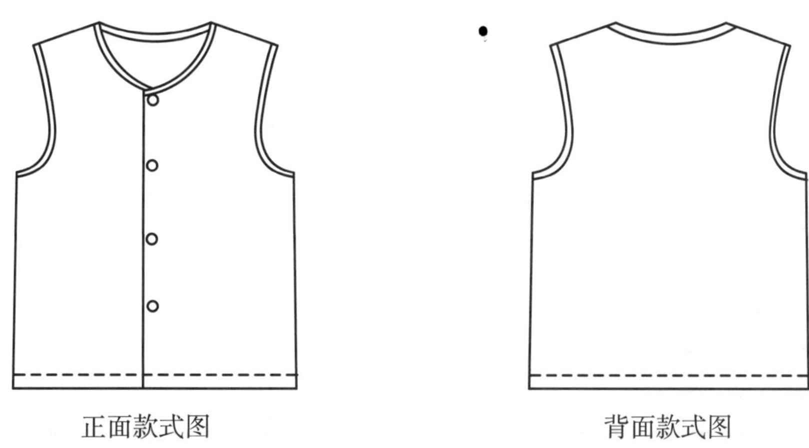

图1–13　对襟小背心款式设计图

2. 结构尺寸

对襟小背心结构尺寸见表 1–4，适合 0 ~ 24 个月的婴幼童穿着。

表1–4　对襟小背心结构尺寸　　单位：cm

身高	衣长	胸围	肩宽	领围	袖窿深
52	26	46	18	24.5	9.5
59	28	48	19	25	10
66	30	50	20	25.5	10.5
73	32	52	21	26	11
80	34	54	22.5	27	11.5
90	37	57	24	28	12

3. 结构制图

对襟小背心结构制图以身高 59cm 婴幼童为例，如图 1–14 所示。

4. 裁剪样板

对襟小背心裁剪样板如图 1–15 所示。

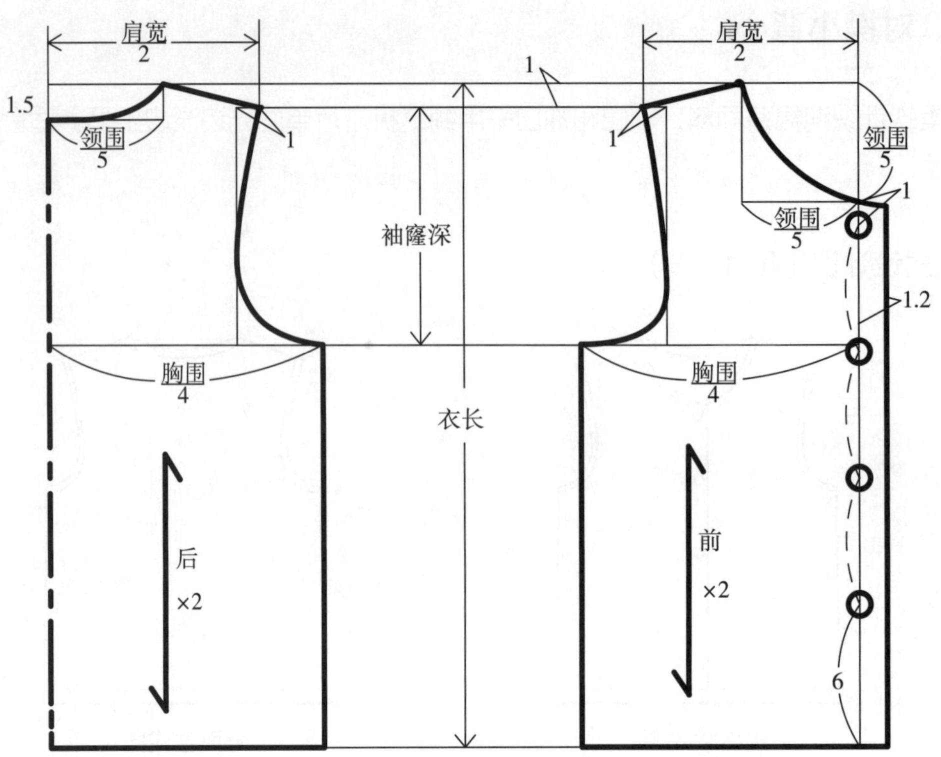

图1–14　对襟小背心结构制图

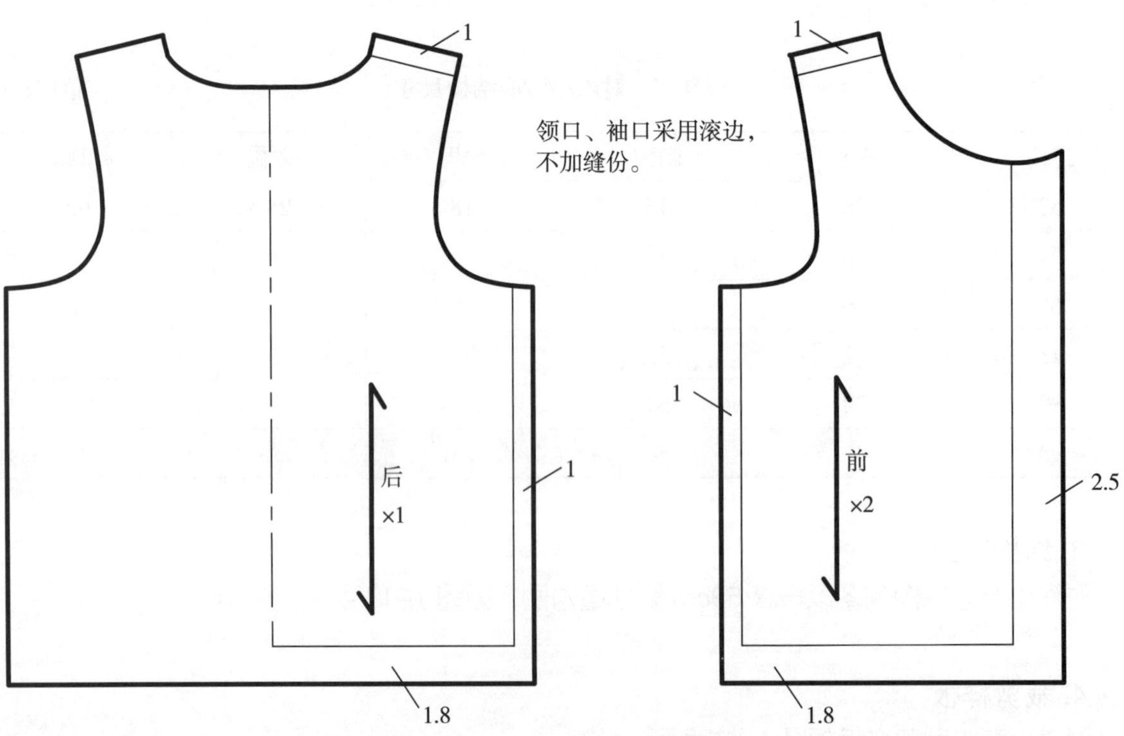

图1–15　对襟小背心裁剪样板

五、针织背心

采用柔软的针织布，领口、袖窿采用双面光边滚边工艺，下摆采用双针明线挽边工艺。

1. 款式设计图（图 1–16）

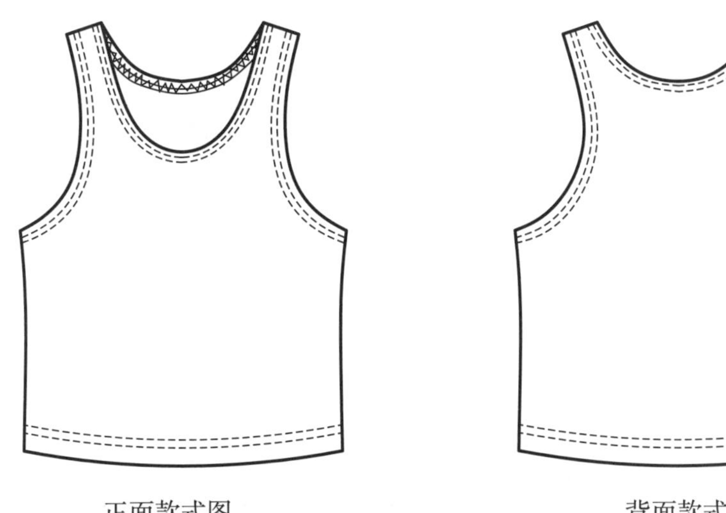

图1–16　针织背心款式设计图

2. 结构尺寸

针织背心结构尺寸见表 1–5，适合 0 ~ 3 岁的婴幼童穿着。

表1–5　针织背心结构尺寸　　单位：cm

身高	衣长	胸围	前领深	后领深	半领宽	肩带宽	袖窿深
52	26	44	7.5	3.5	5.5	3	10.5
59	28	48	8	4	6	3	11
66	30	50	8.5	4	6	3	11.5
73	32	52	9	4.5	6.5	3.5	12.5
80	34	54	9.5	4.5	6.5	3.5	13.5
90	37	58	10	5	7	3.5	15
100	40	62	11	5.5	7.5	4	16.5
110	43	66	12	6	8	4	18

3. 结构制图

针织背心结构制图以身高 100cm 幼童为例，如图 1–17 所示。

4. 裁剪样板

针织背心裁剪样板如图 1–18 所示。

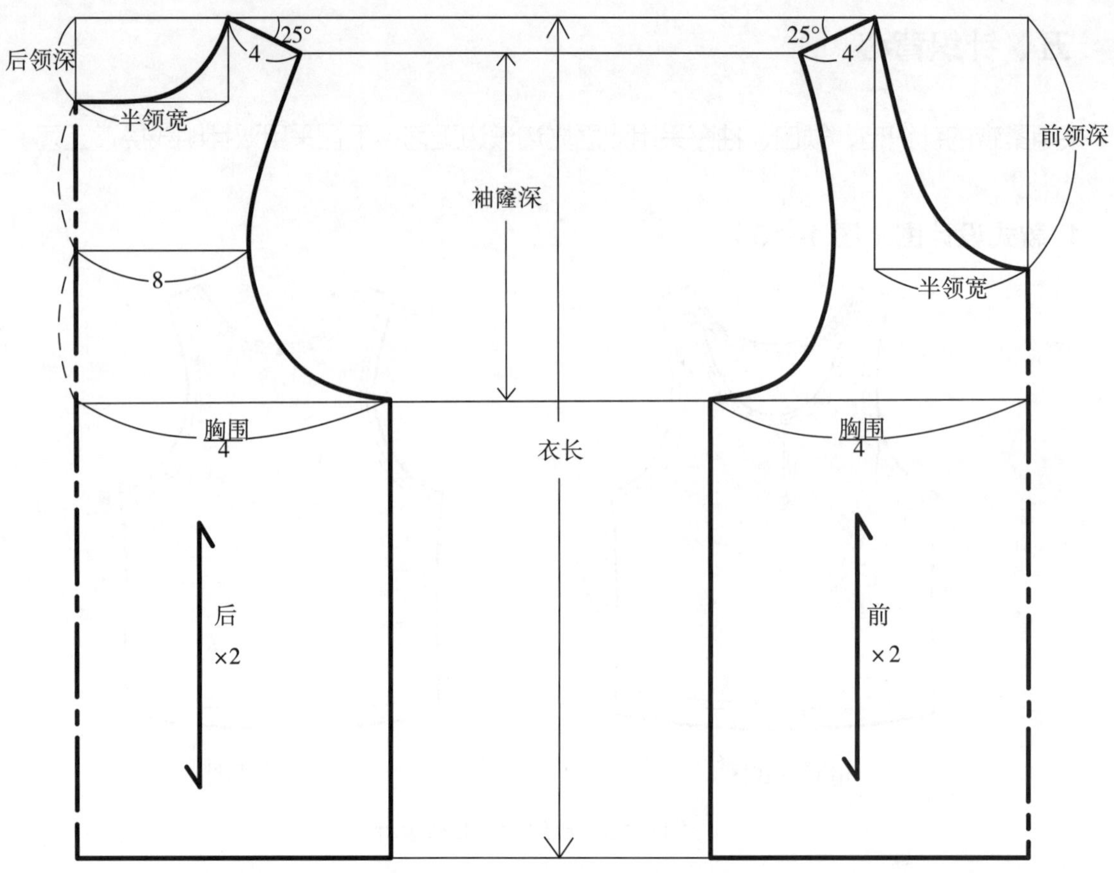

图1-17 针织背心结构制图

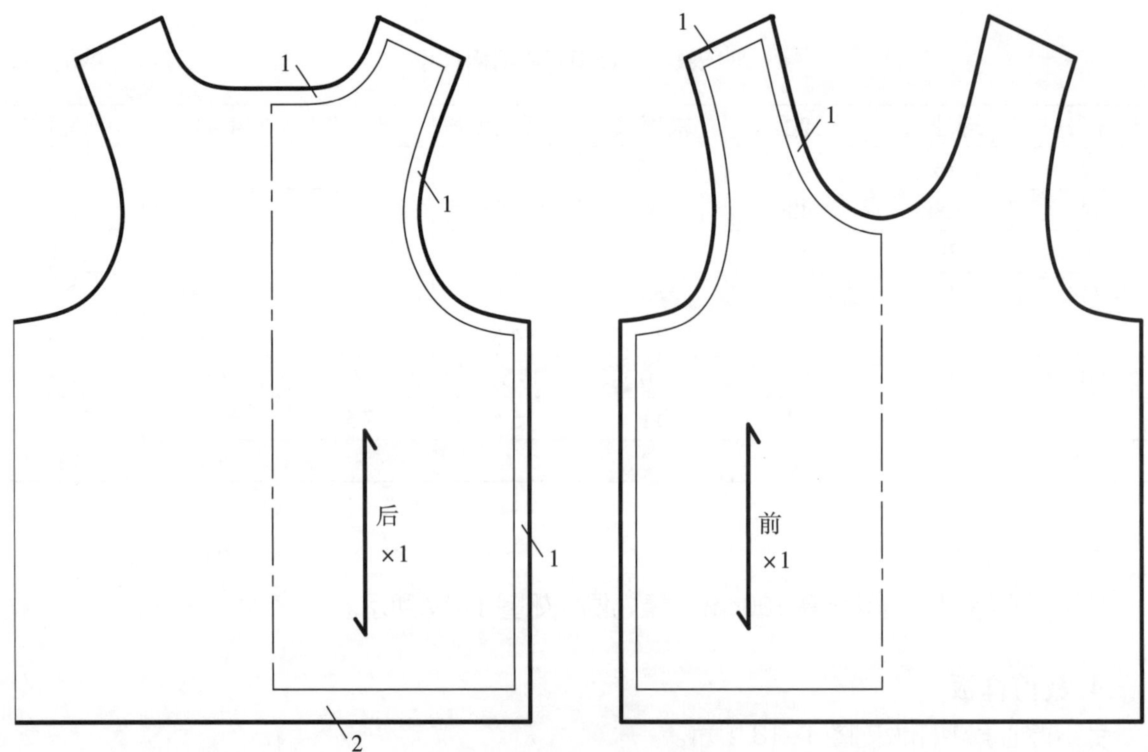

图1-18 针织背心裁剪样板

六、对襟长袖上衣

采用柔软针织纯棉薄面料，可作为较小婴幼童贴身穿着衣物，如采用较厚的面料，也可作为春秋薄外套使用。领口、袖口、门襟、下摆采用外贴边工艺。

1. 款式设计图（图 1–19）

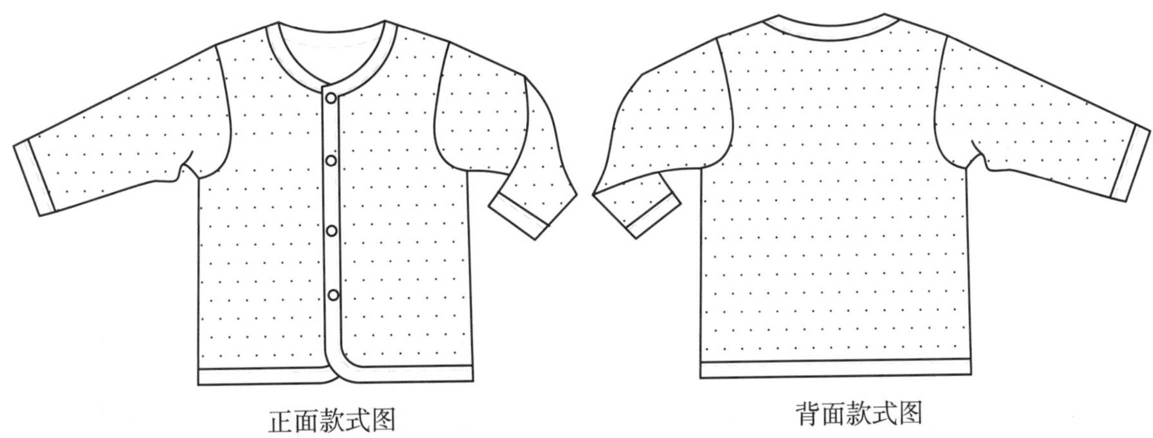

图1–19　对襟长袖上衣款式设计图

2. 结构尺寸

对襟长袖上衣结构尺寸见表 1–6，适合 0 ～ 12 个月的婴幼童穿着。

表1–6　对襟长袖上衣结构尺寸表　　单位：cm

身高	衣长	胸围	肩宽	领围	袖窿深	袖长	袖口宽
52	26	48	20	25	9.5	19	6.5
59	28	50	21	25.5	10	20	7
66	30	52	22	26	10.5	21	7.5
73	32	54	23.5	26.5	11	22	8
80	34	56	25	27	11.5	23	8.5

3. 结构制图

对襟长袖上衣结构制图以身高 80cm 婴幼童为例，如图 1–20、图 1–21 所示。

4. 裁剪样板

对襟长袖上衣裁剪样板如图 1–22、图 1–23 所示。

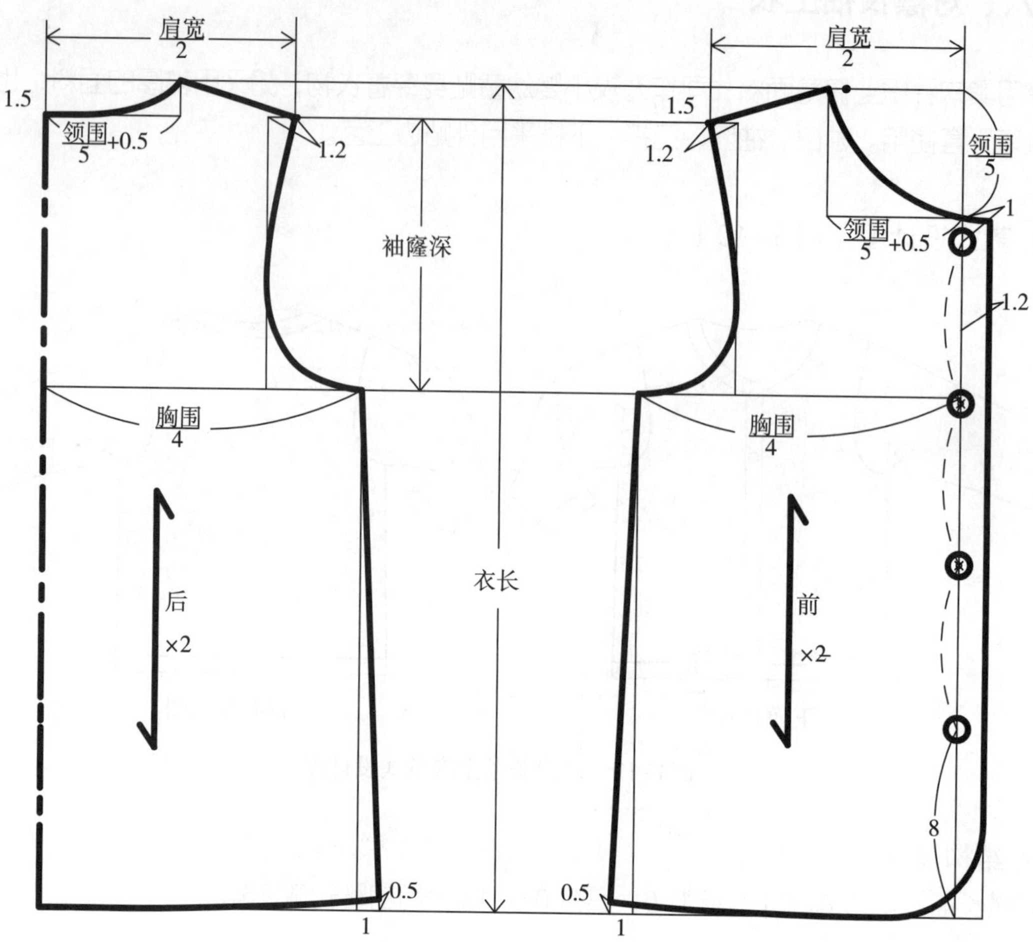

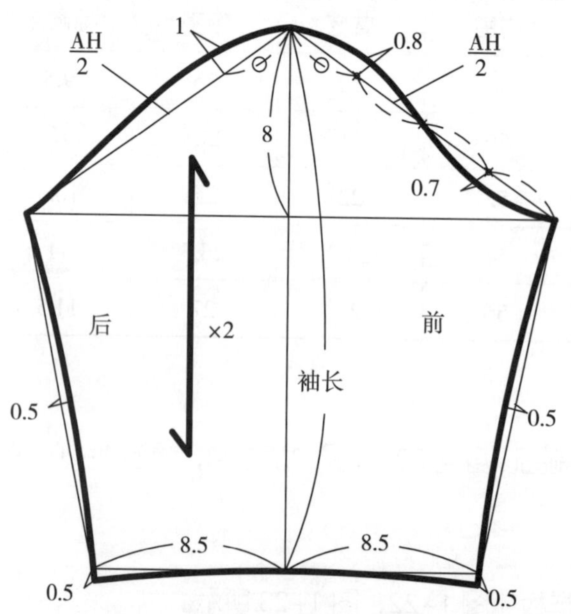

图1-20 对襟长袖上衣衣身、袖子结构制图

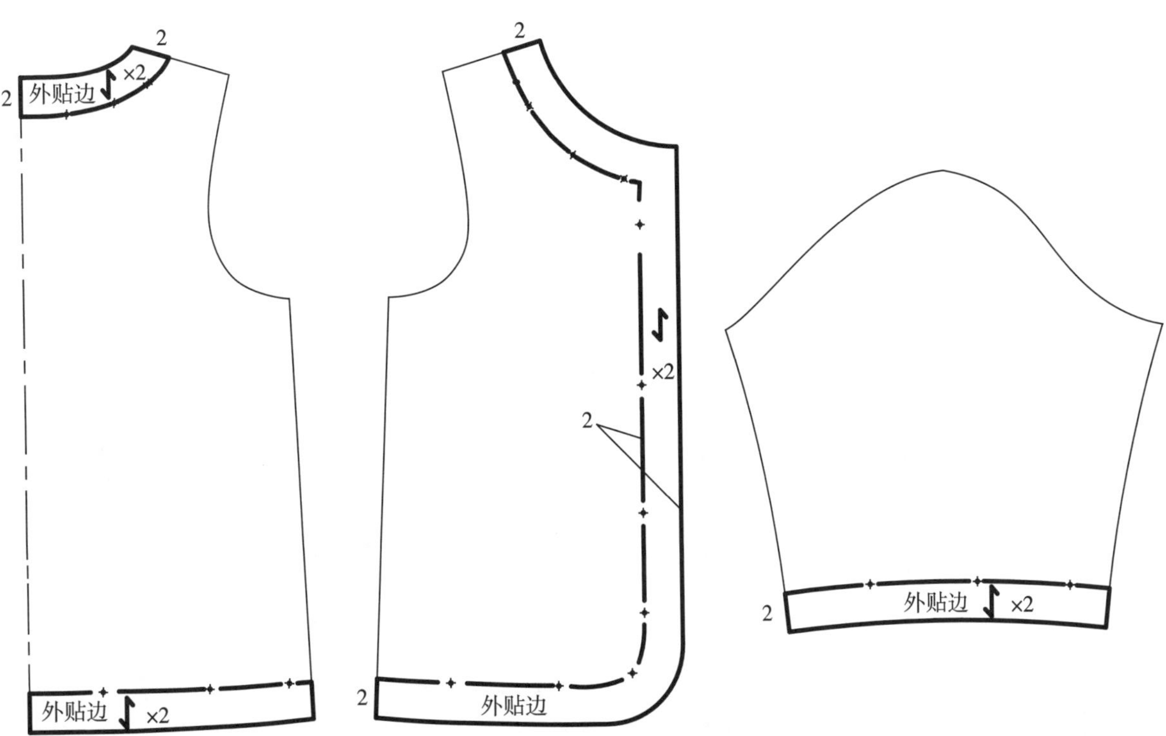

图1-21　对襟长袖上衣贴边结构制图

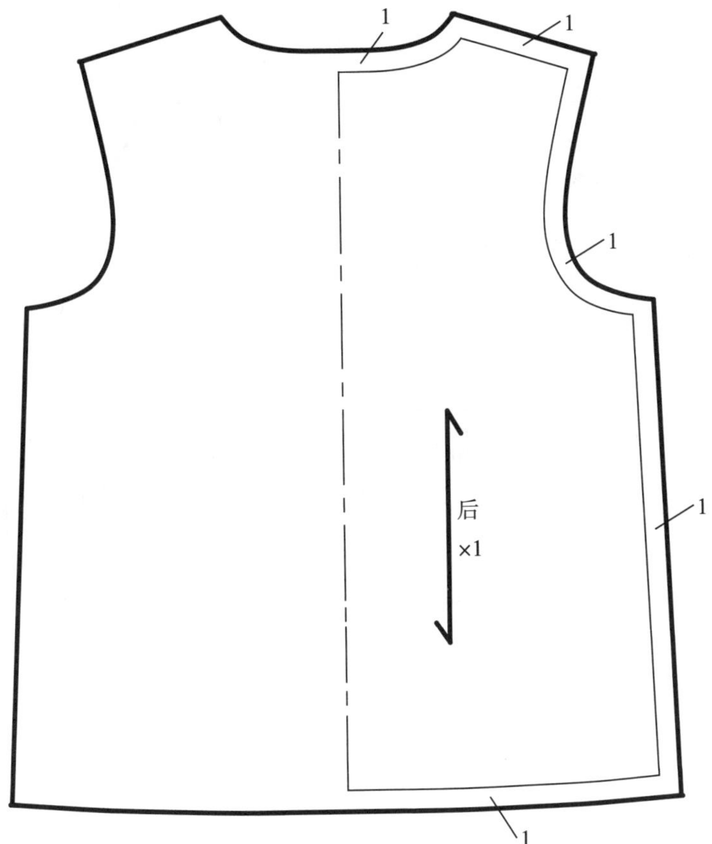

图1-22　对襟长袖上衣后衣片裁剪样板

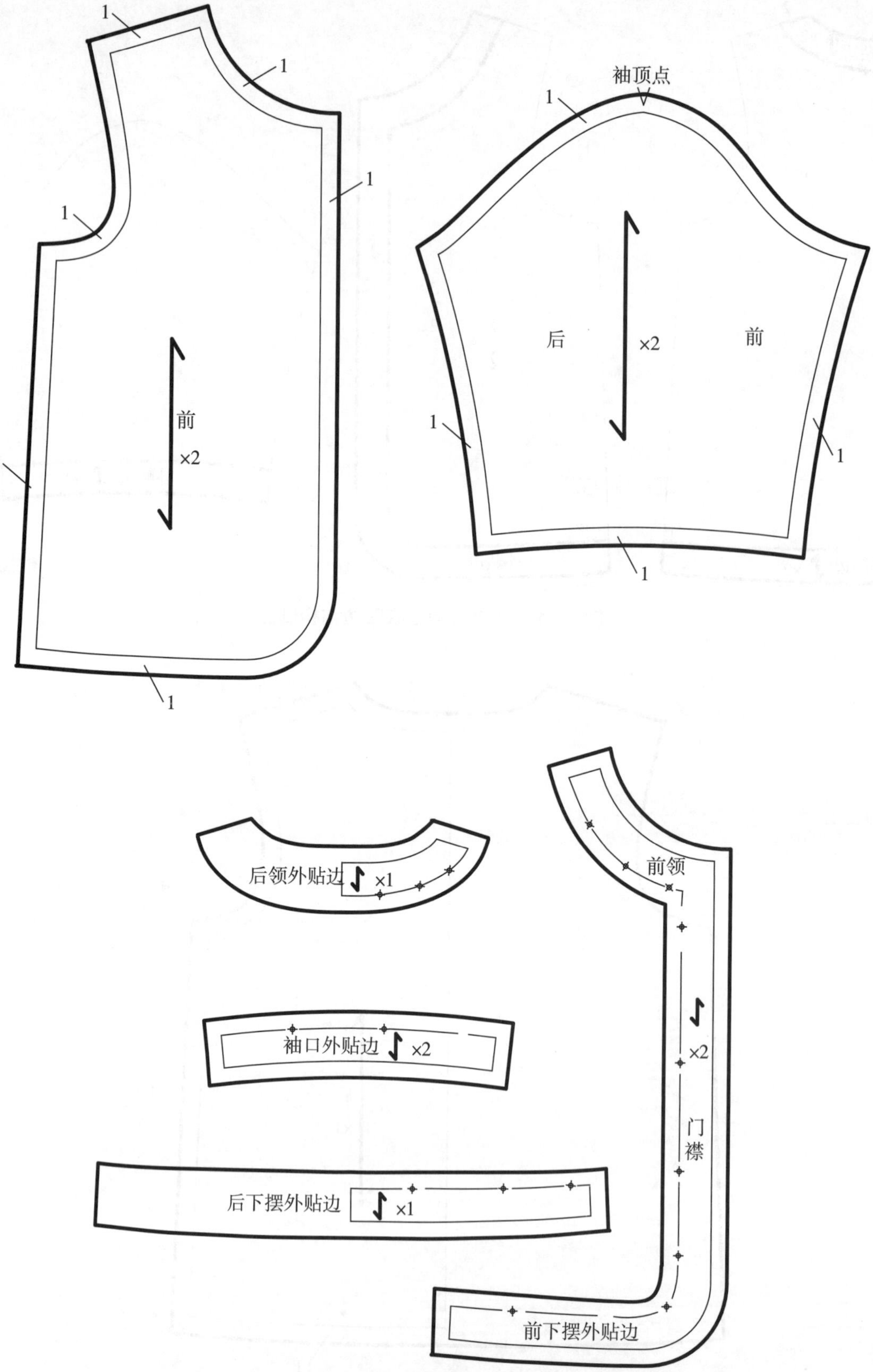

1 1 1 1 1 1

前

×2

袖顶点

1 1 1 1

后　×2　前

后领外贴边 ×1

前领

袖口外贴边 ×2

×2

门襟

后下摆外贴边 ×1

前下摆外贴边

图1–23　对襟长袖上衣前衣片、袖片、贴边裁剪样板

七、罗纹领针织薄上衣

采用柔软纯棉针织薄面料，婴幼童穿，袖口、领口、下摆虽采用罗纹，但都比较松。

1. 款式设计图（图 1–24）

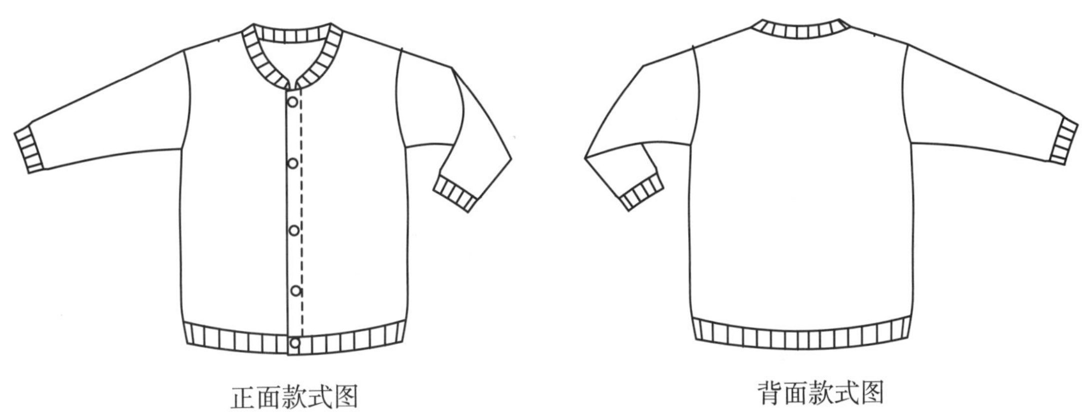

图1–24　罗纹领针织薄上衣款式设计图

2. 结构尺寸

罗纹领针织薄上衣结构尺寸见表 1–7，适合 0 ～ 24 个月的婴幼童穿着。

表 1–7　罗纹领针织薄上衣结构尺寸　　单位：cm

身高	衣长	胸围	肩宽	领围	袖窿深	袖长	袖口宽
52	26	48	19	25	9.5	19	6.5
59	28	50	20.5	25.5	10	20.5	7
66	30	52	22	26	10.5	22	7.5
73	32	54	23.5	26.5	11	23.5	8
80	34	56	25	27	11.5	25	8.5
90	37	59	26.5	28	12	26.5	9

3. 结构制图

罗纹领针织薄上衣结构制图以身高 80cm 婴幼童为例，如图 1–25 所示。

4. 裁剪样板

罗纹领针织薄上衣裁剪样板如图 1–26 所示。

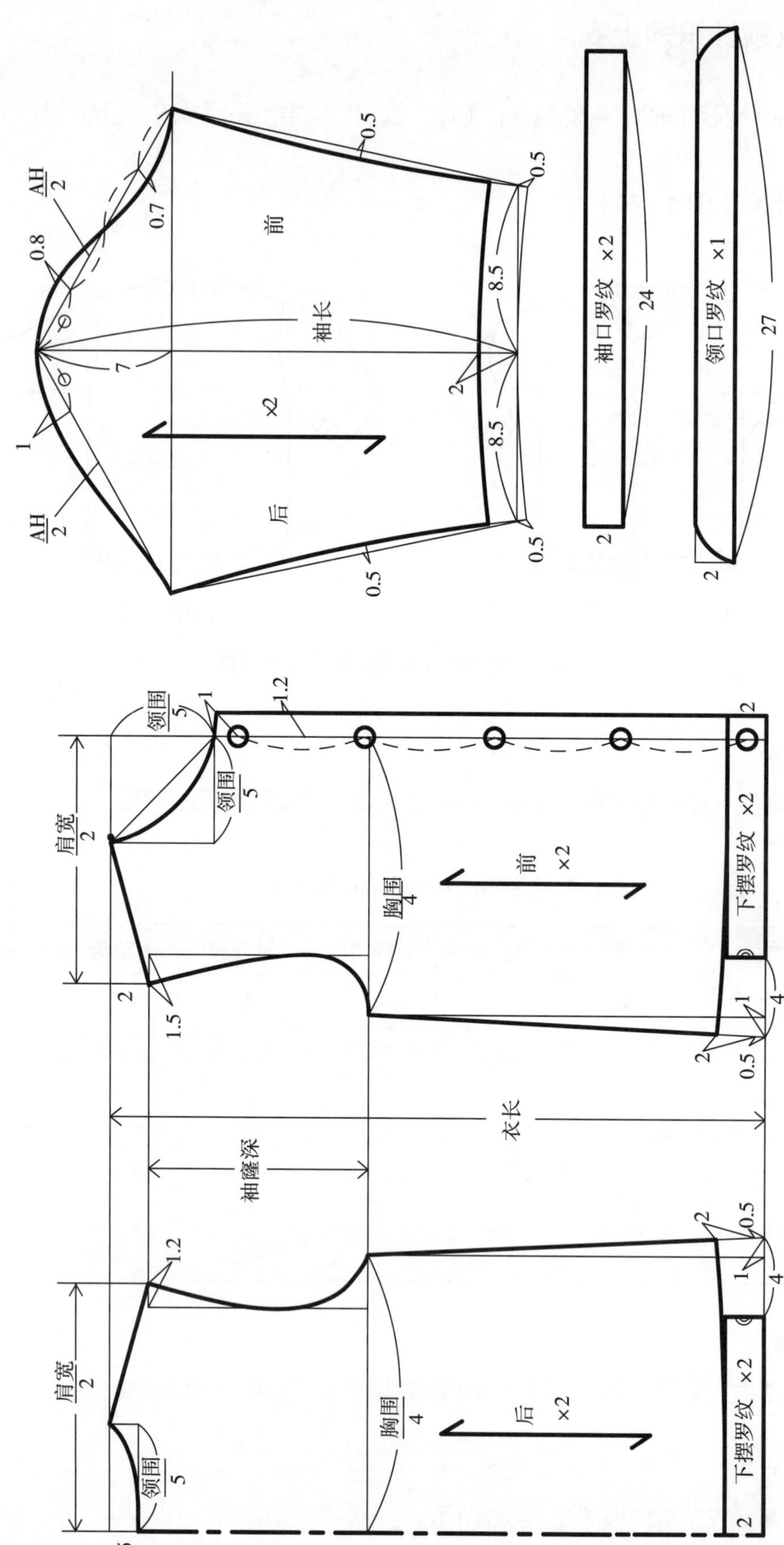

图1-25　罗纹领针织薄上衣结构制图

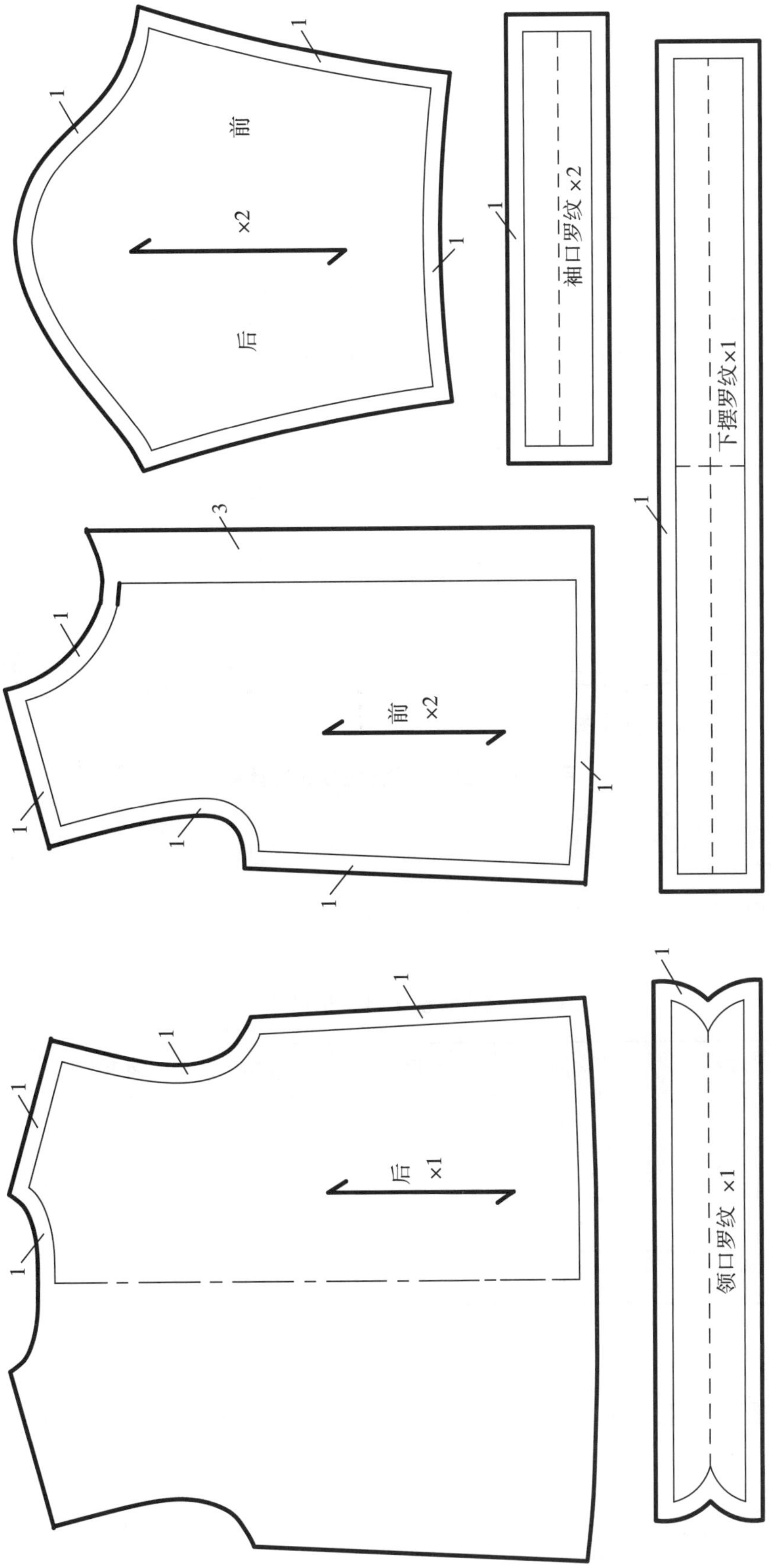

后
前
×2
袖口罗纹 ×2
下摆罗纹×1
前 ×2
后 ×1
领口罗纹 ×1
1
3

图1-26 罗纹领针织薄上衣裁剪样板

八、叠肩短袖 T 恤

宽领、交叠肩，穿脱方便，适合夏季穿着，一般采用纯棉针织印花面料，边缘采用 2x2 罗纹布包边。

1. 款式设计图（图 1–27）

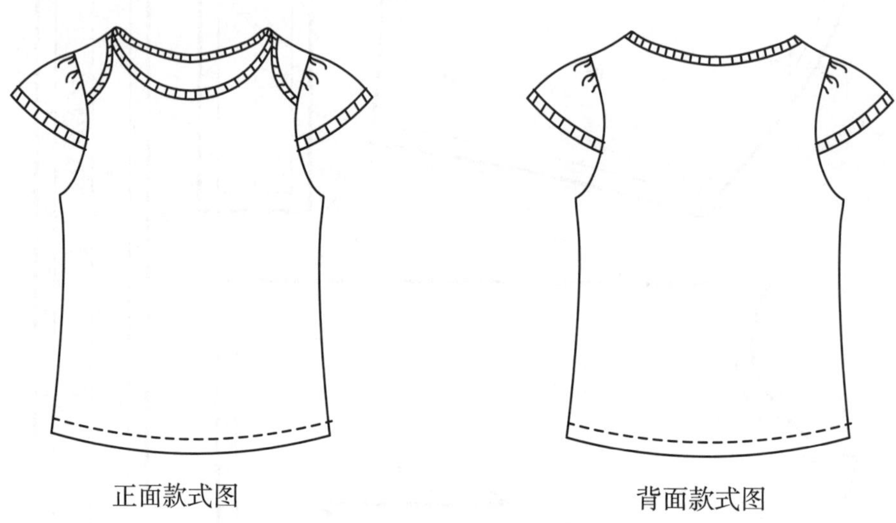

正面款式图　　背面款式图

图1–27　叠肩短袖T恤款式设计图

2. 结构尺寸

叠肩短袖 T 恤结构尺寸见表 1–8，适合 1~4 岁的幼童穿着。

表 1–8　叠肩短袖 T 恤结构尺寸　　单位：cm

身高	衣长	胸围	领围	肩宽	袖窿深	袖长
80	34	56	30	25	11.5	6
90	37	60	31	26.5	12	6.5
100	40	64	32	28	12.5	7
110	43	68	33	29.5	13	7.5

3. 结构制图

叠肩短袖 T 恤结构制图以身高 100cm 幼童为例，如图 1–28、图 1–29 所示。

4. 裁剪样板

叠肩短袖 T 恤裁剪样板如图 1–30、图 1–31 所示。

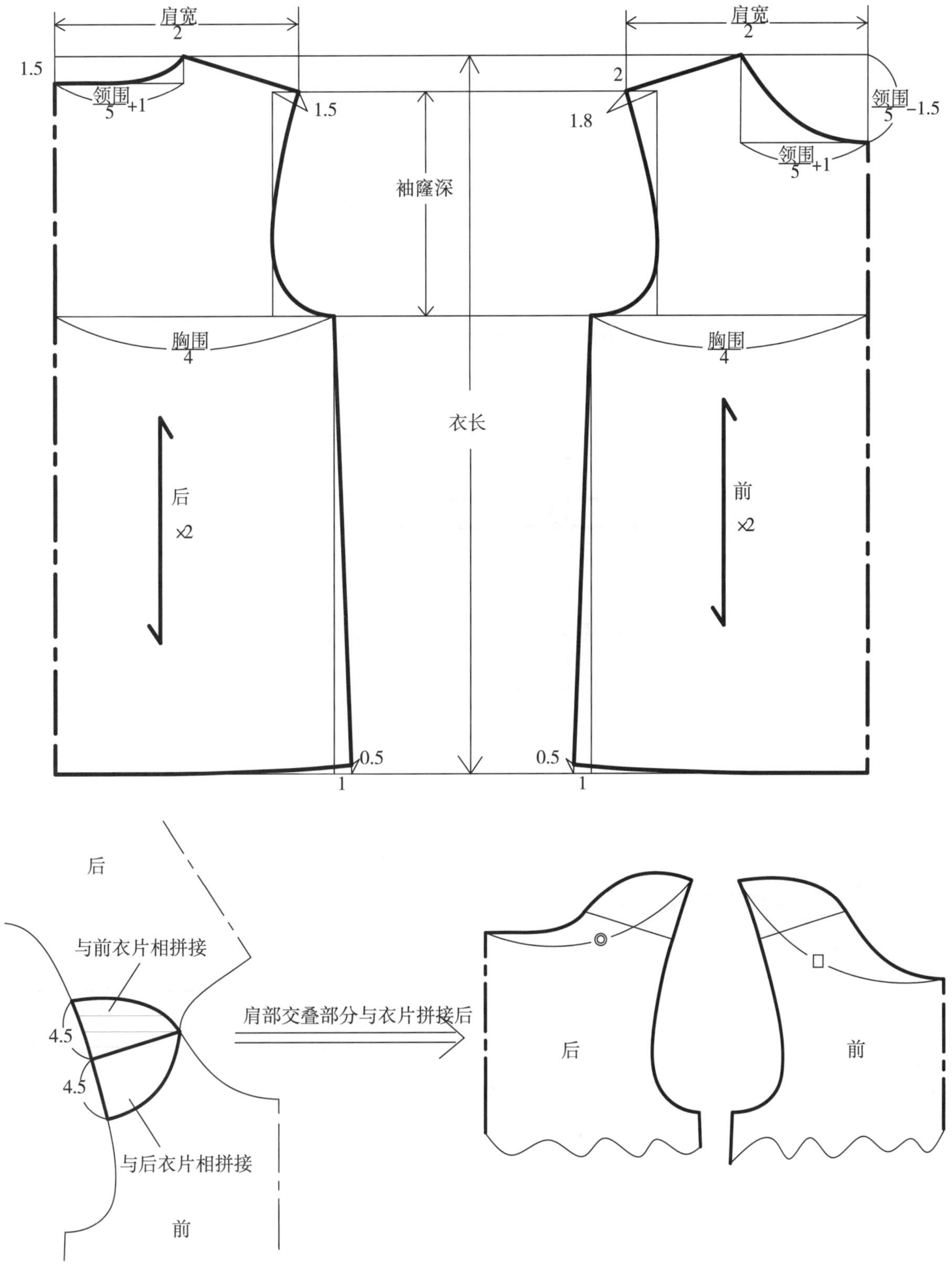

图1-28 叠肩短袖T恤衣片结构制图

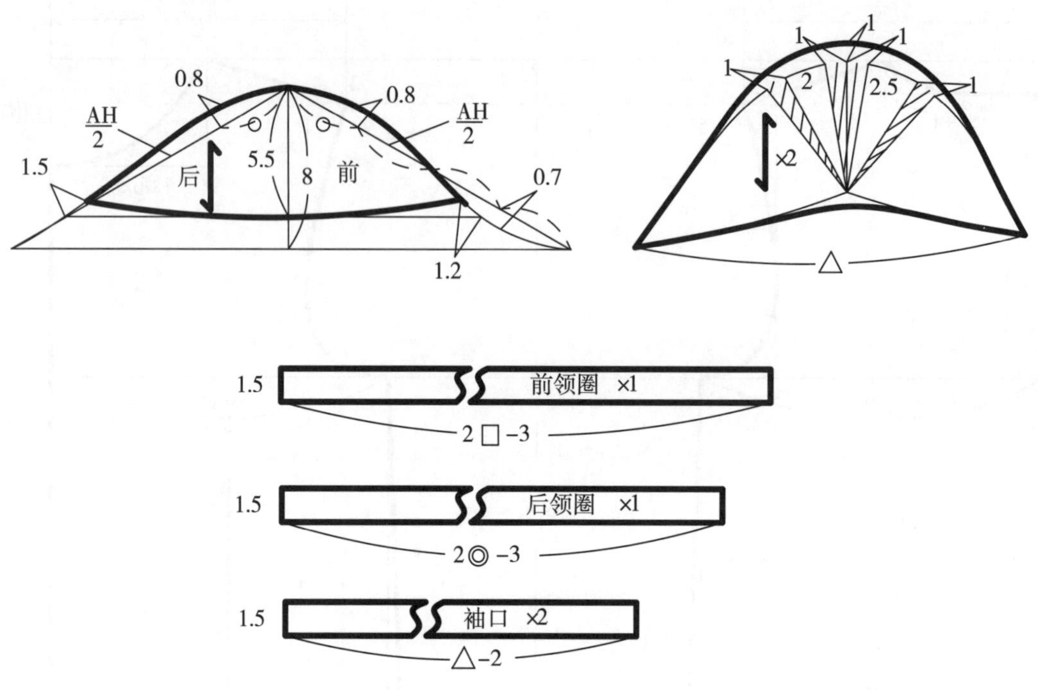

图1−29 叠肩短袖T恤袖子、领圈结构制图

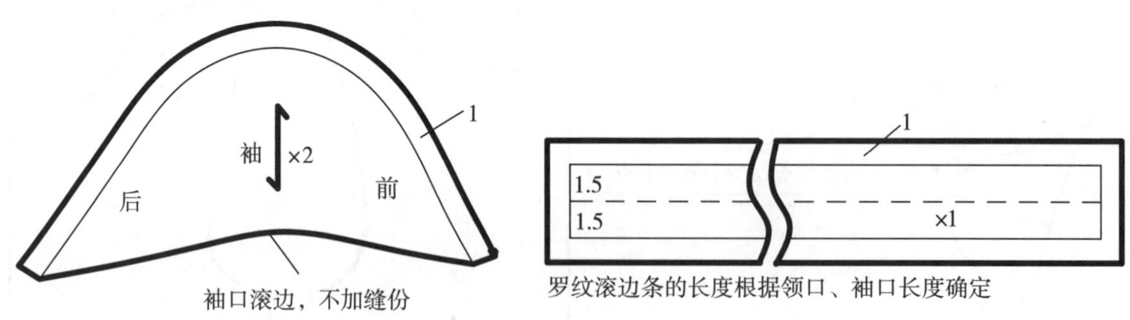

图1−30 叠肩短袖T恤袖子、领圈裁剪样板

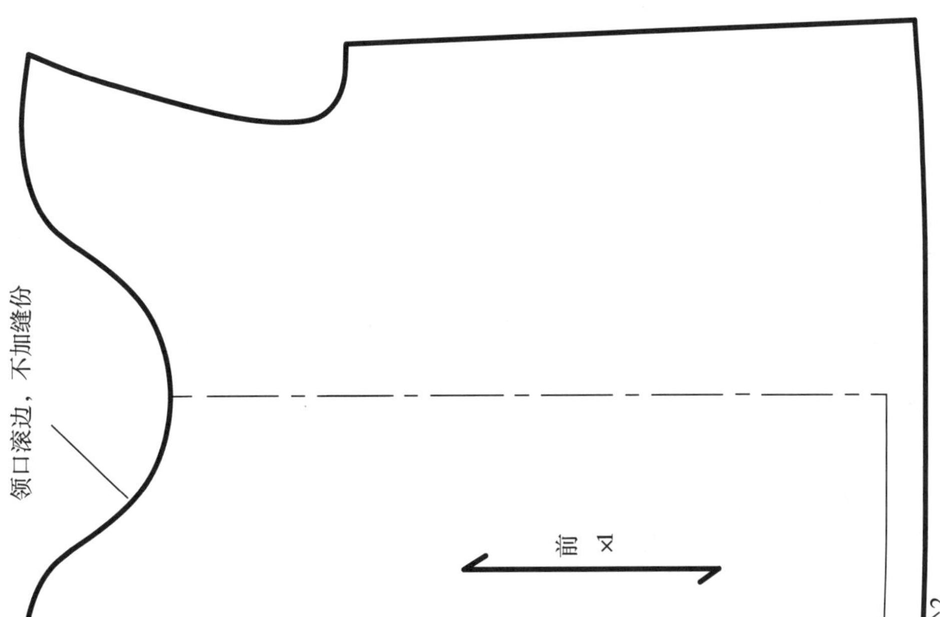

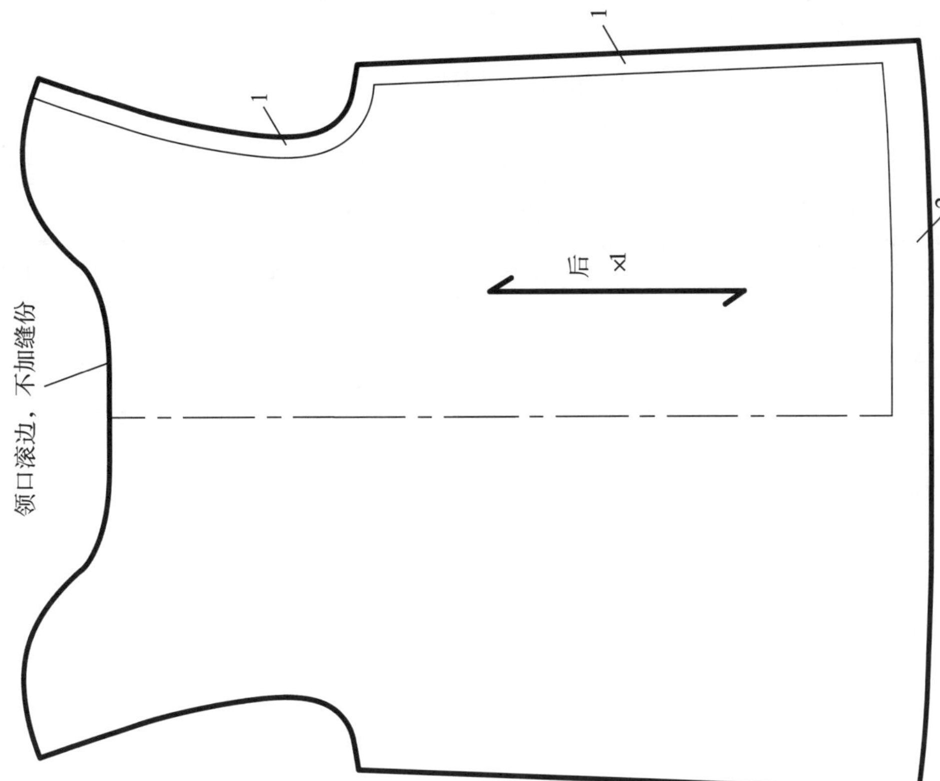

图1–31　叠肩短袖T恤衣片裁剪样板

九、短袖宽下摆衬衫

采用柔软的平纹细棉布，宽下摆、宽袖身，袖口稍收口，后背上端开口装扣子扣结。

1. 款式设计图（图 1–32）

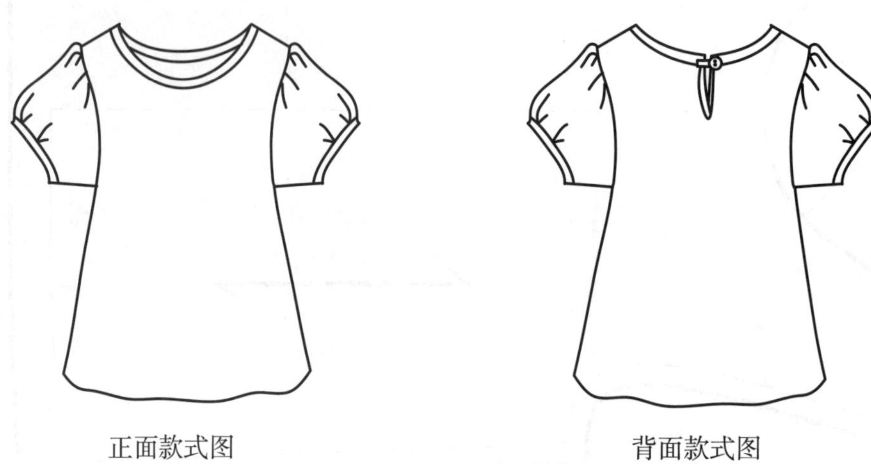

图1–32　短袖宽下摆衬衫款式设计图

2. 结构尺寸

短袖宽下摆衬衫结构尺寸见表 1–9，适合 1 ～ 4 岁幼童穿着。

表1–9　短袖宽下摆衬衫结构尺寸　　单位：cm

身高	衣长	胸围	领围	肩宽	袖窿深	袖长
80	38	58	28	25	12	9
90	43	62	29	26.5	12.5	10
100	44	66	30	28	13	11
110	47	70	31	29.5	13.5	12

3. 结构制图

短袖宽下摆衬衫结构制图以身高 100cm 幼童为例，如图 1–33 所示。

4. 裁剪样板

短袖宽下摆衬衫裁剪样板如图 1–34、图 1–35 所示。

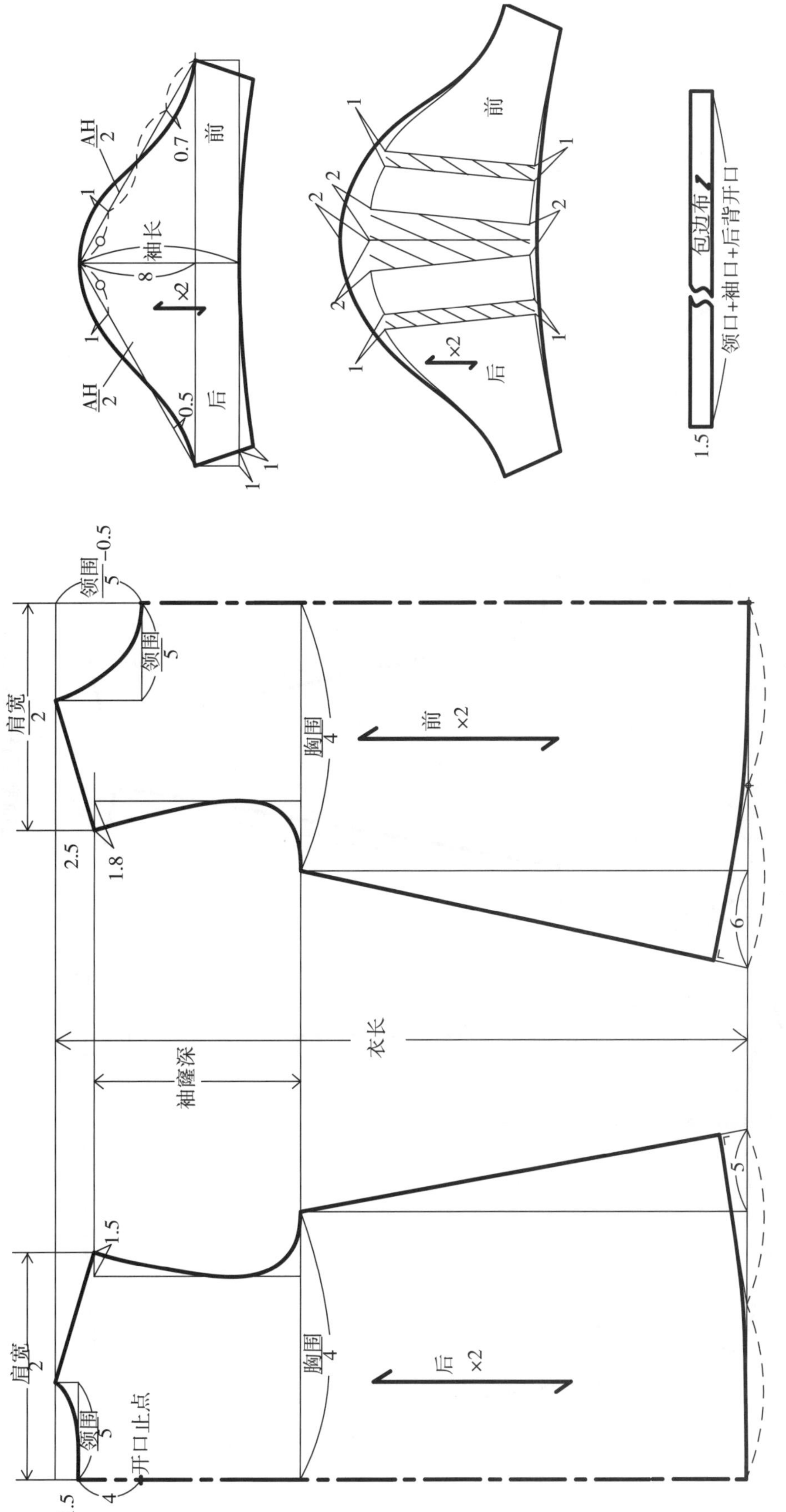

图1-33　短袖宽下摆衬衫结构制图

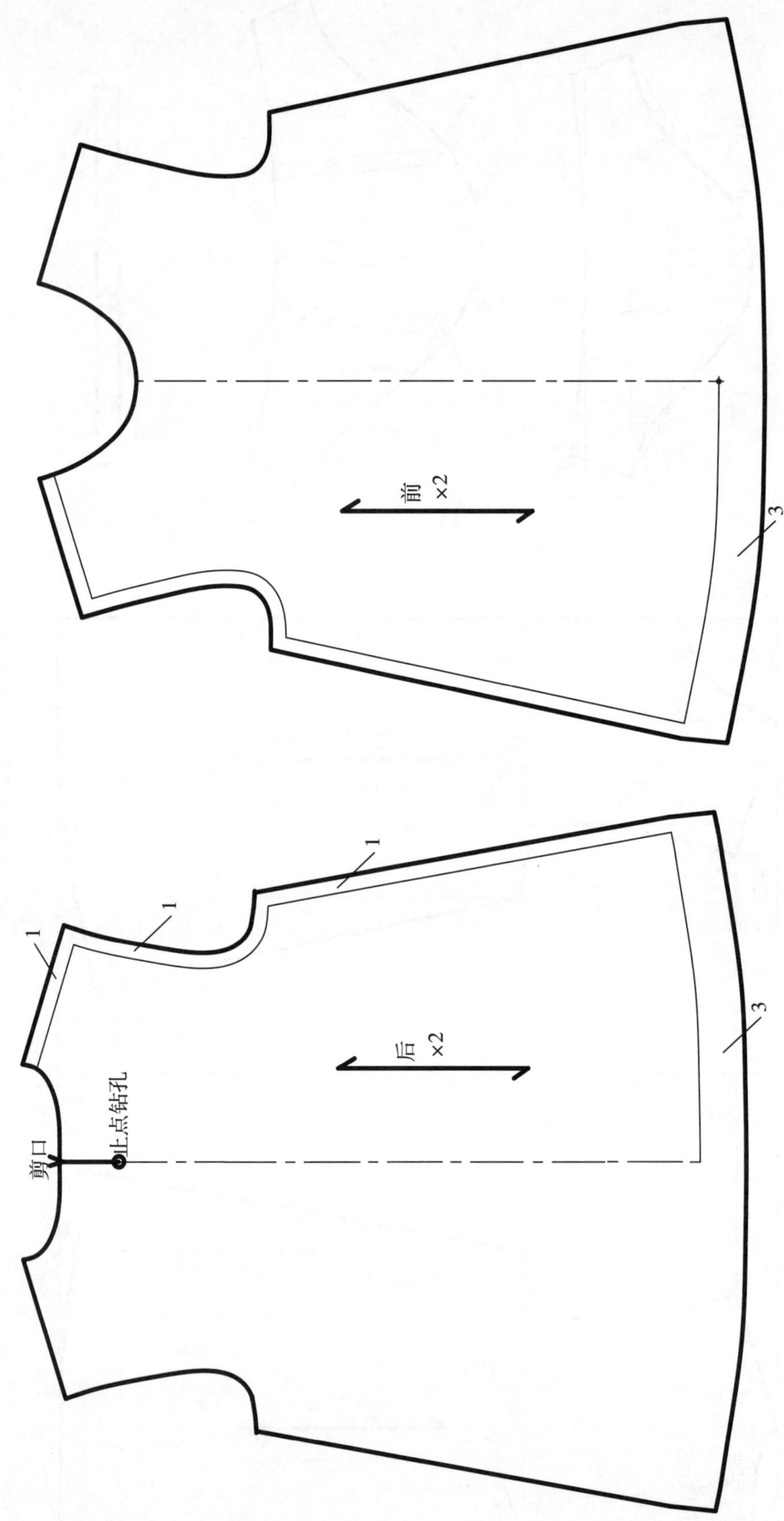

图1-34　短袖宽下摆衬衫衣片裁剪样板

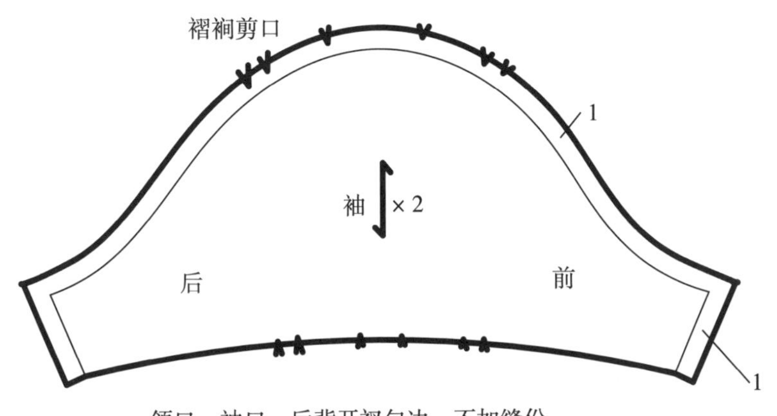

图1–35 短袖宽下摆衬衫袖片裁剪样板

十、抽褶领宽松上衣

采用柔软的平纹细棉布或印花纯棉布，领圈处抽细褶，宽松、舒适。插肩袖，袖口包边。

1. 款式设计图（图 1–36）

图1–36 抽褶领宽松上衣款式设计图

2. 结构尺寸

抽褶领宽松上衣结构尺寸见表 1–10，适合 1 ～ 4 岁幼童穿着。

表1–10 抽褶领宽松上衣结构尺寸 单位：cm

身高	衣长	胸围	领围	肩宽	袖窿深	袖长	袖口宽
80	38	58	28	25	11.5	6	9
90	43	62	29	26.5	12.5	7	10
100	44	66	30	28	13.5	8	11
110	47	70	31	29.5	14.5	9	12

注：表中胸围、领圈尺寸为加褶前的正常尺寸。

3. 结构制图

抽褶领宽松上衣结构制图以身高 110cm 幼童为例，如图 1–37 ～图 1–39 所示。

4. 裁剪样板

抽褶领宽松上衣裁剪样板如图 1–40 所示。

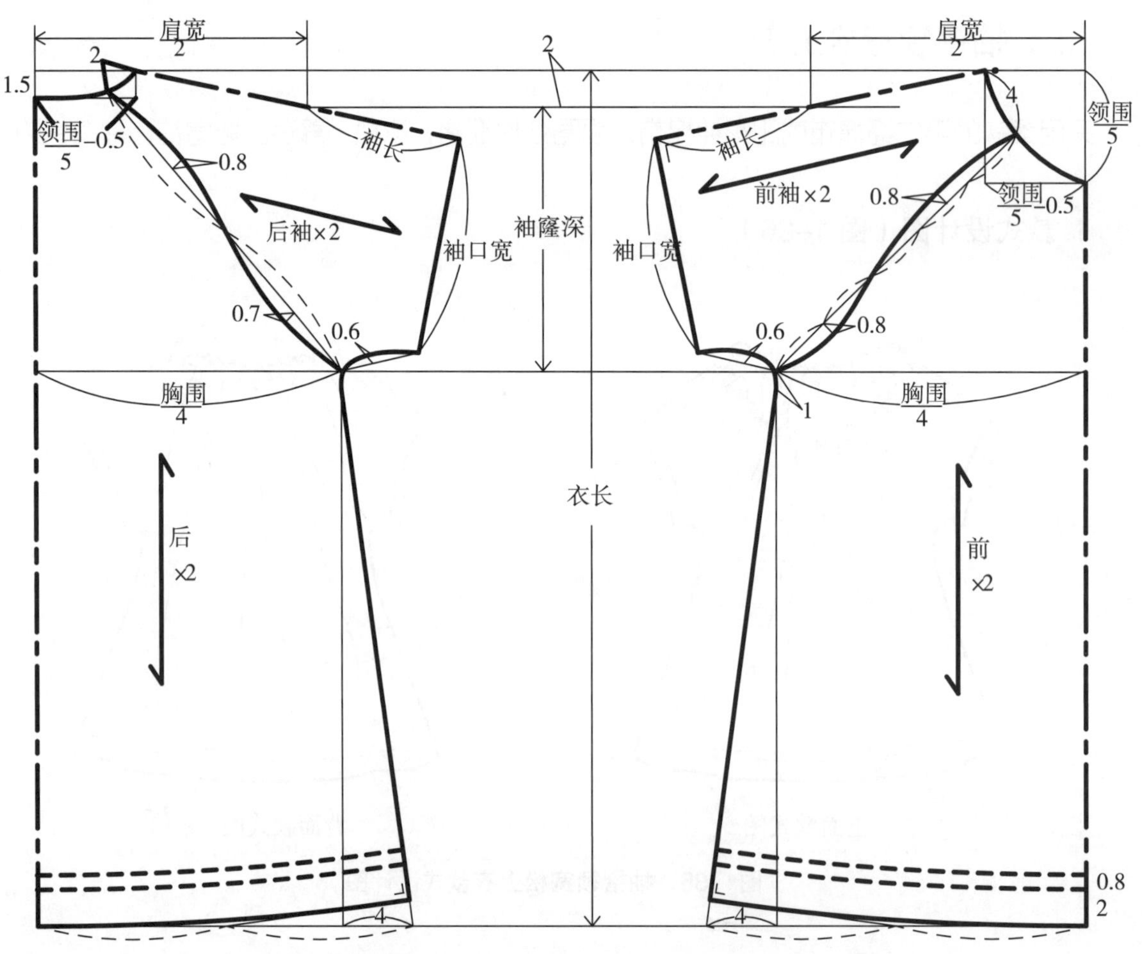

图1–37 抽褶领宽松上衣结构制图

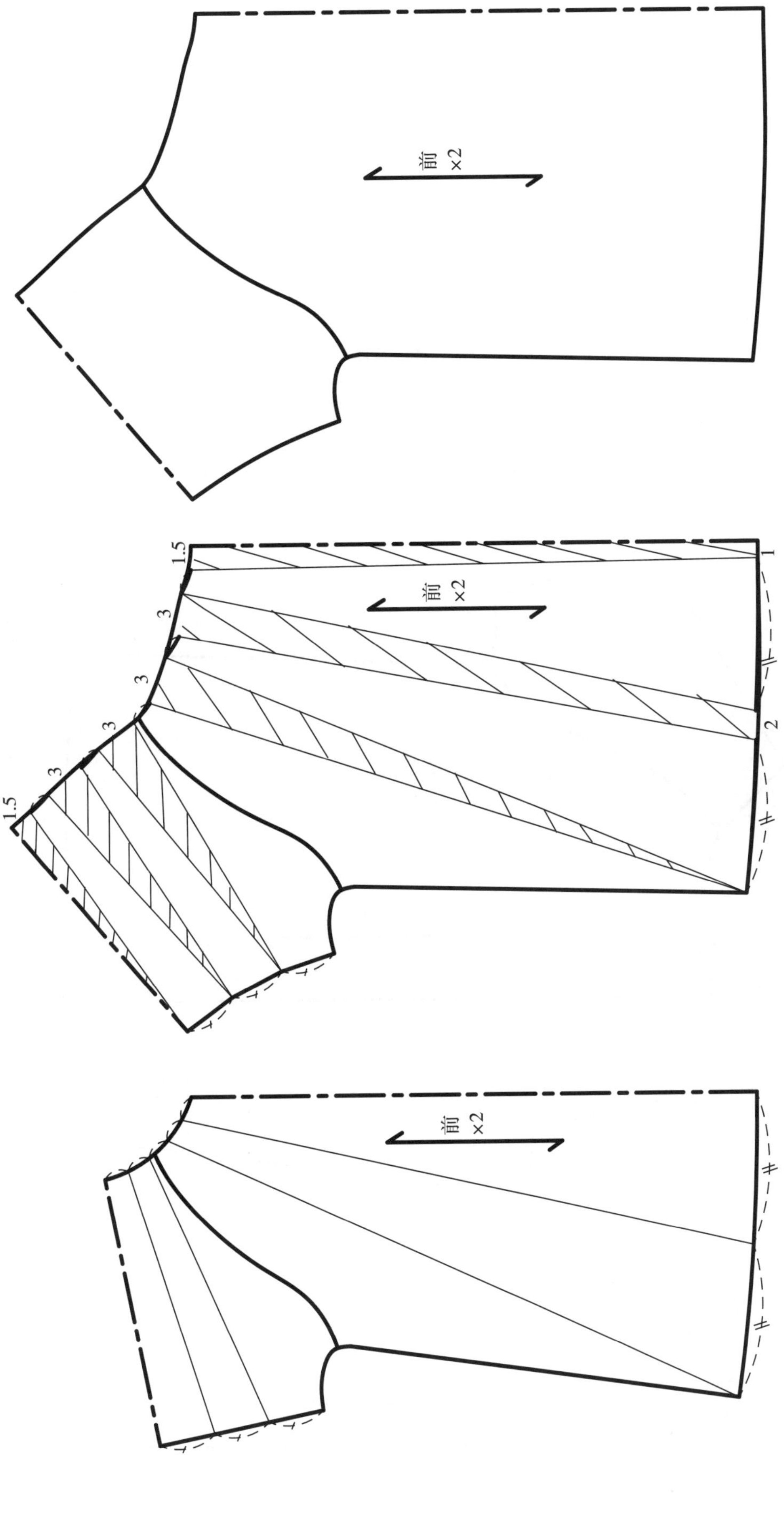

图1-38 抽褶领宽松上衣前衣身结构变化图

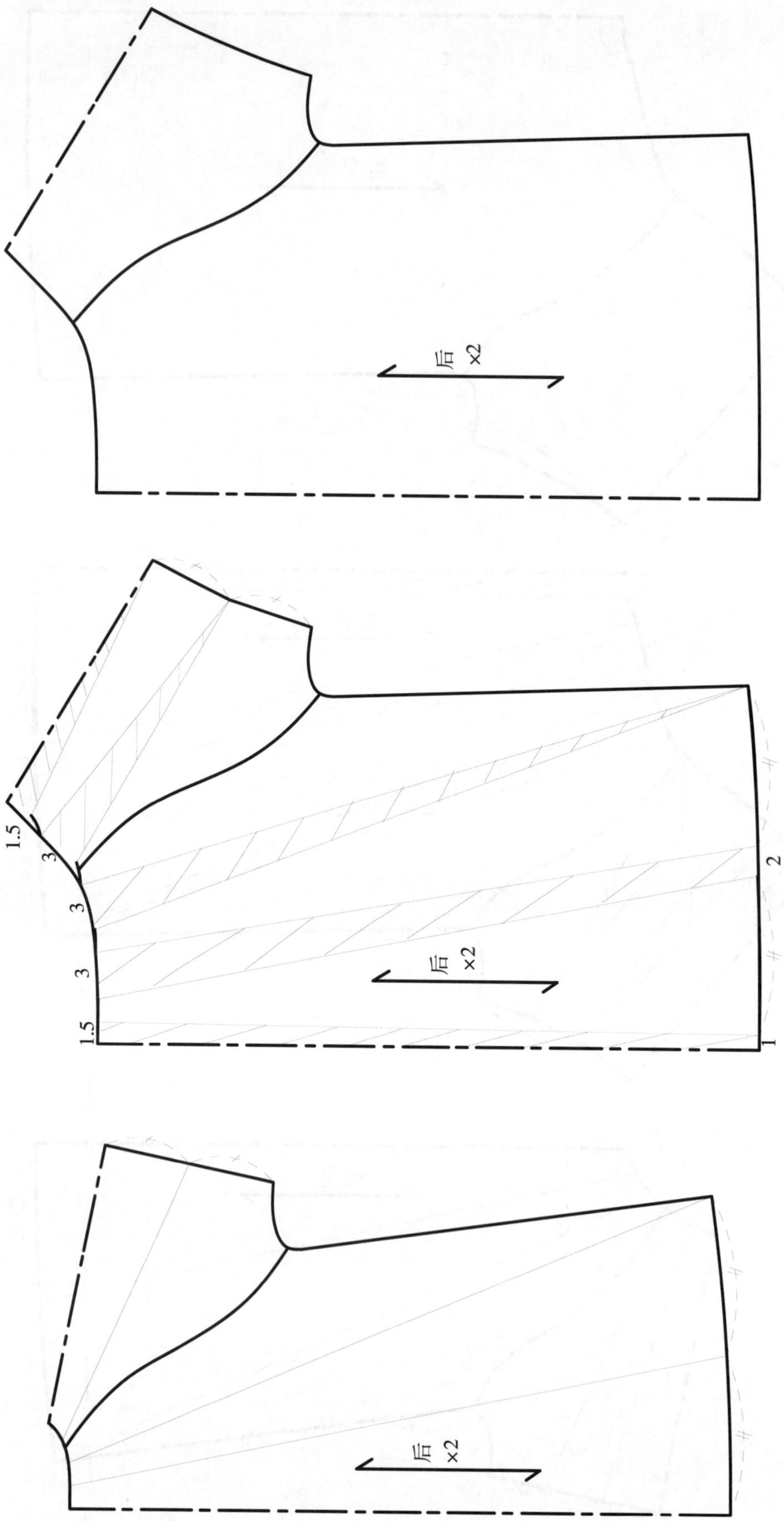

后 ×2

1.5 3 3 3 1.5 2 1

后 ×2

后 ×2

图1-39　抽褶领宽松上衣后衣身结构变化图

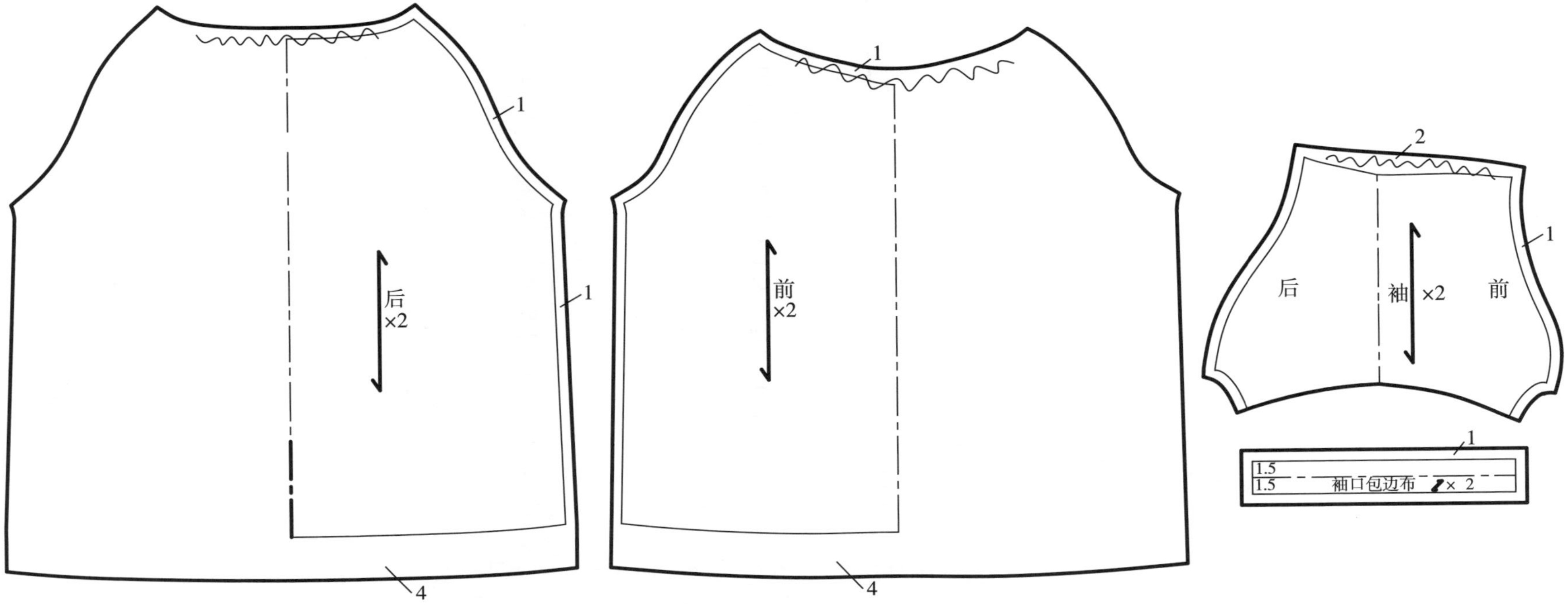
后
×2
1
1
4
前
×2
1
4
后
袖 ×2
前
2
1
1
1.5
1.5
袖口包边布 ×2

图1-40　抽褶领宽松上衣裁剪样板

十一、冬季无领长大衣

采用双层面料，外层可采用较厚实的涤棉混纺面料或其他面料，里层可采用纯棉或涤棉针织薄面料。前胸抽褶，圆领，长袖，宽下摆，大贴袋，整体呈现A廓型。

1. 款式设计图（图1–41）

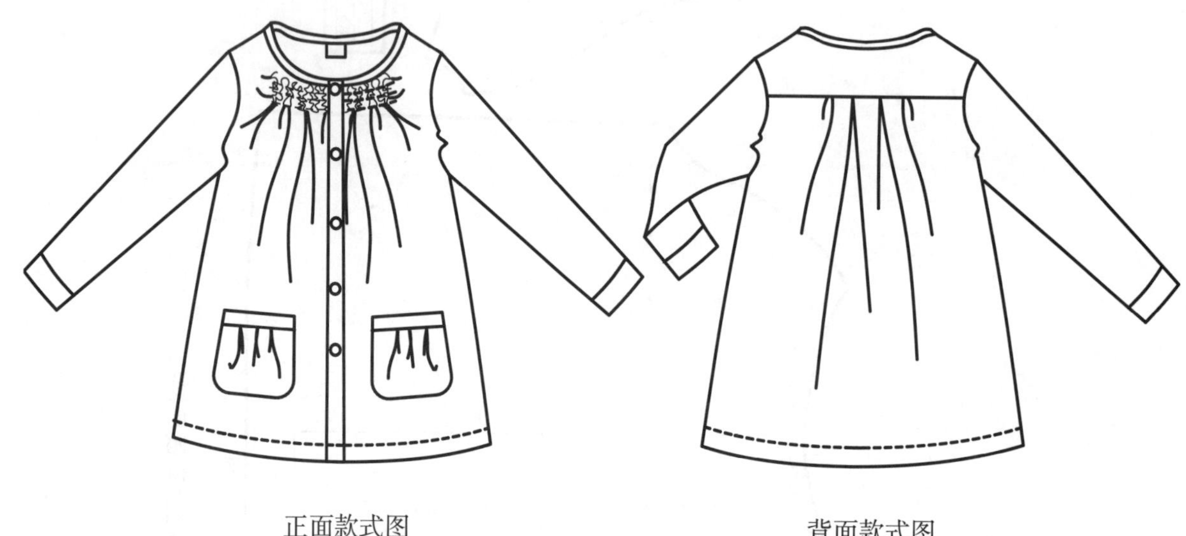

正面款式图　　背面款式图

图1–41　冬季无领长大衣款式设计图

2. 结构尺寸

冬季无领长大衣结构尺寸见表1–11，适合1～4岁幼童穿着。

表1–11　冬季无领长大衣结构尺寸　　单位：cm

身高	衣长	胸围	领围	肩宽	袖窿深	袖长	袖口宽
80	40	58	28	25	12	27	9
90	43	62	29	26.5	13	30	9.5
100	46	66	30	28	14	33	10
110	49	70	31	29.5	15	36	10.5

3. 结构制图

冬季无领长大衣结构制图以身高100cm幼童为例，如图1–42、图1–43所示。

4. 裁剪样板

冬季无领长大衣面布裁剪样板如图1–44所示，里布裁剪样板如图1–45所示。

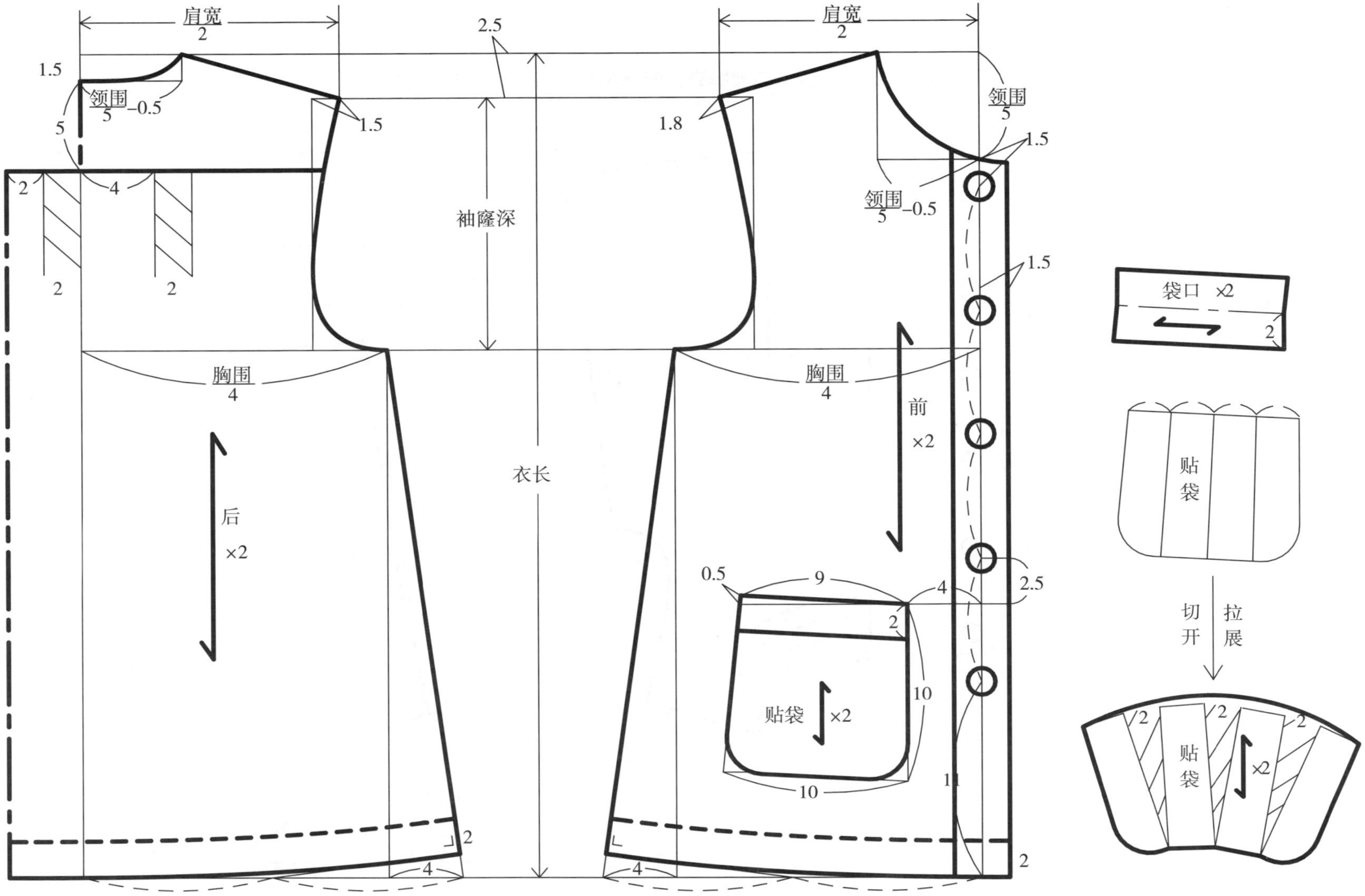

图1-42 冬季无领长大衣衣片、口袋结构制图

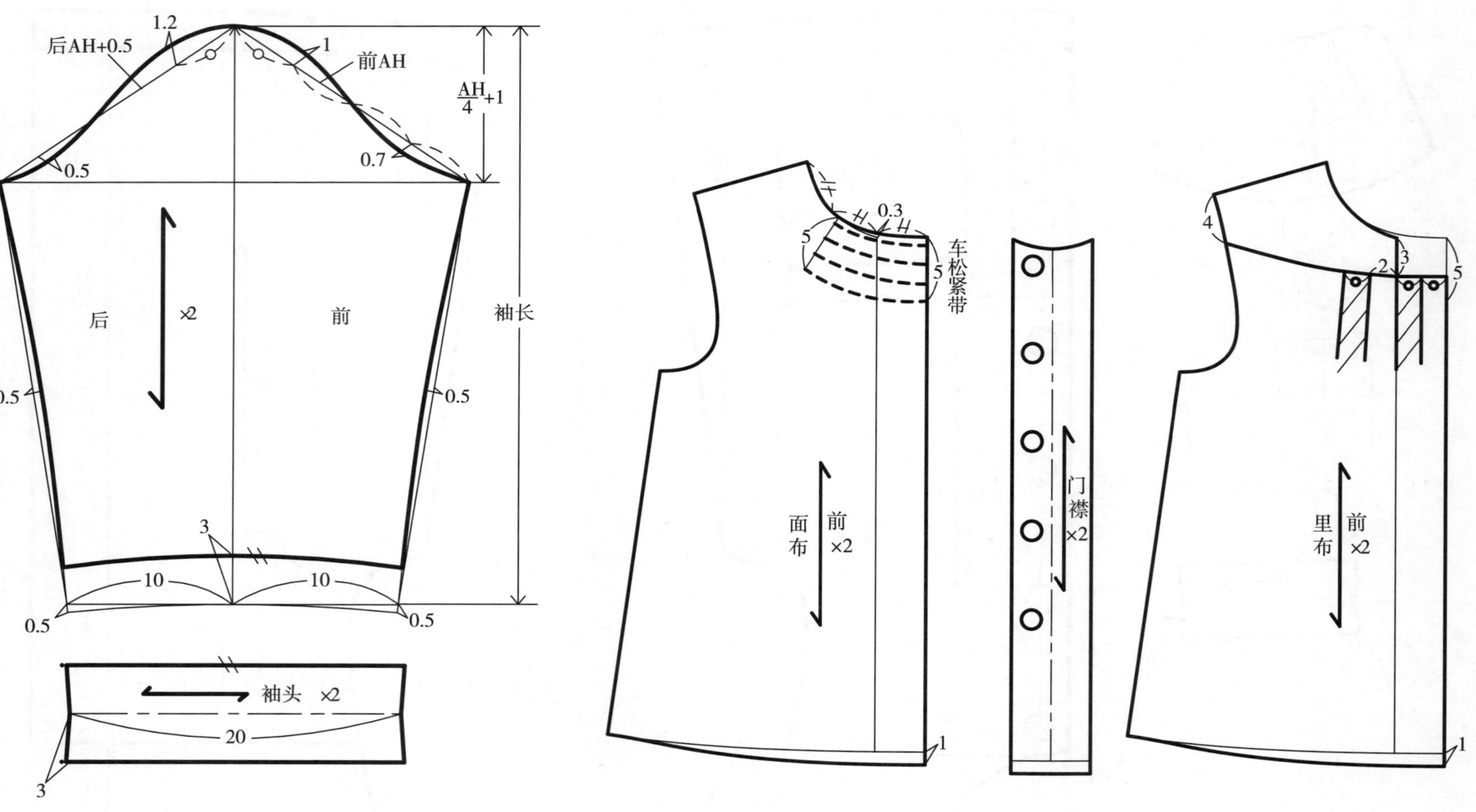

图1–43　冬季无领长大衣袖子结构制图、前衣片结构变化图

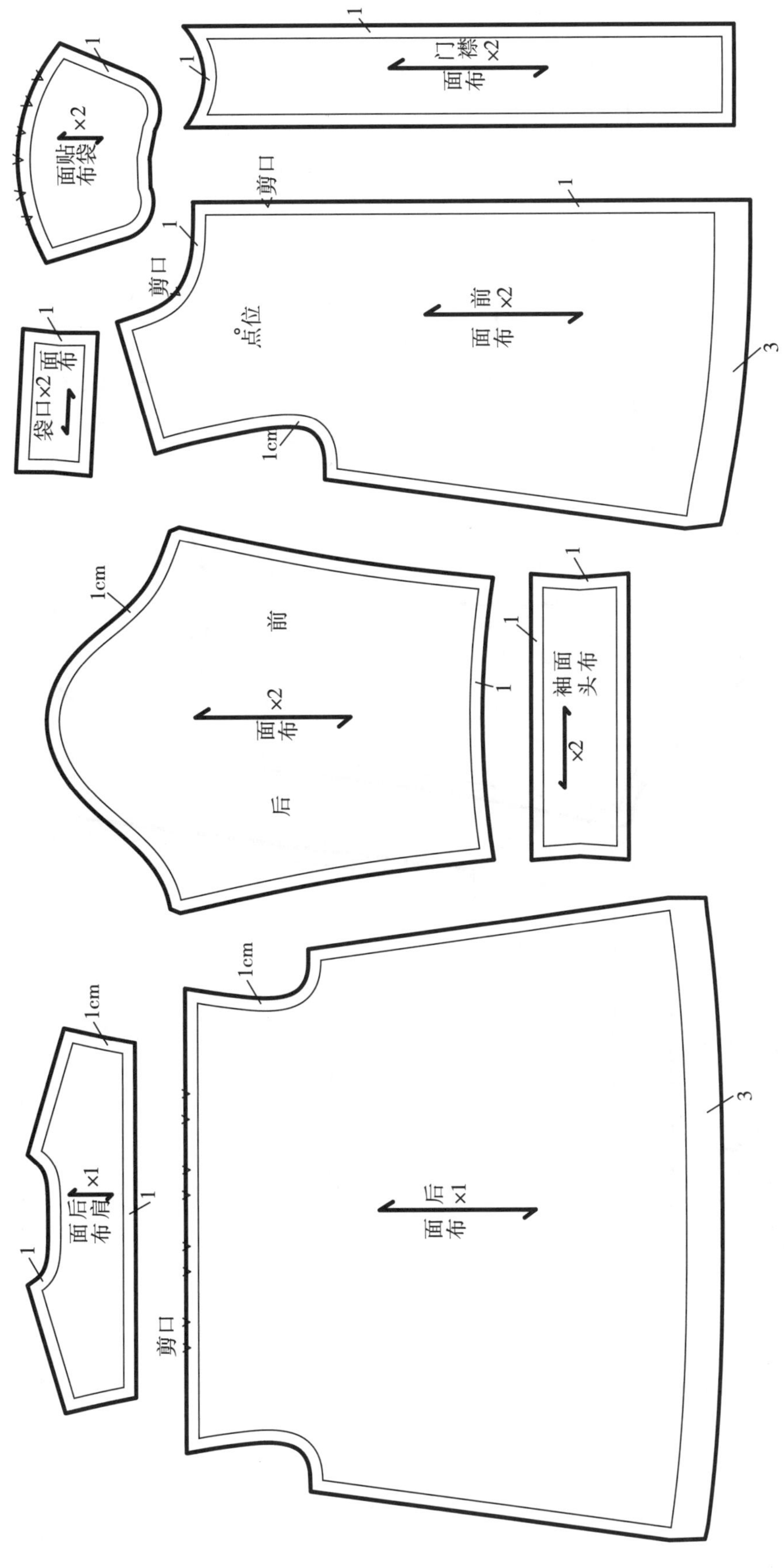

图1-44 冬季无领长大衣面布裁剪样板

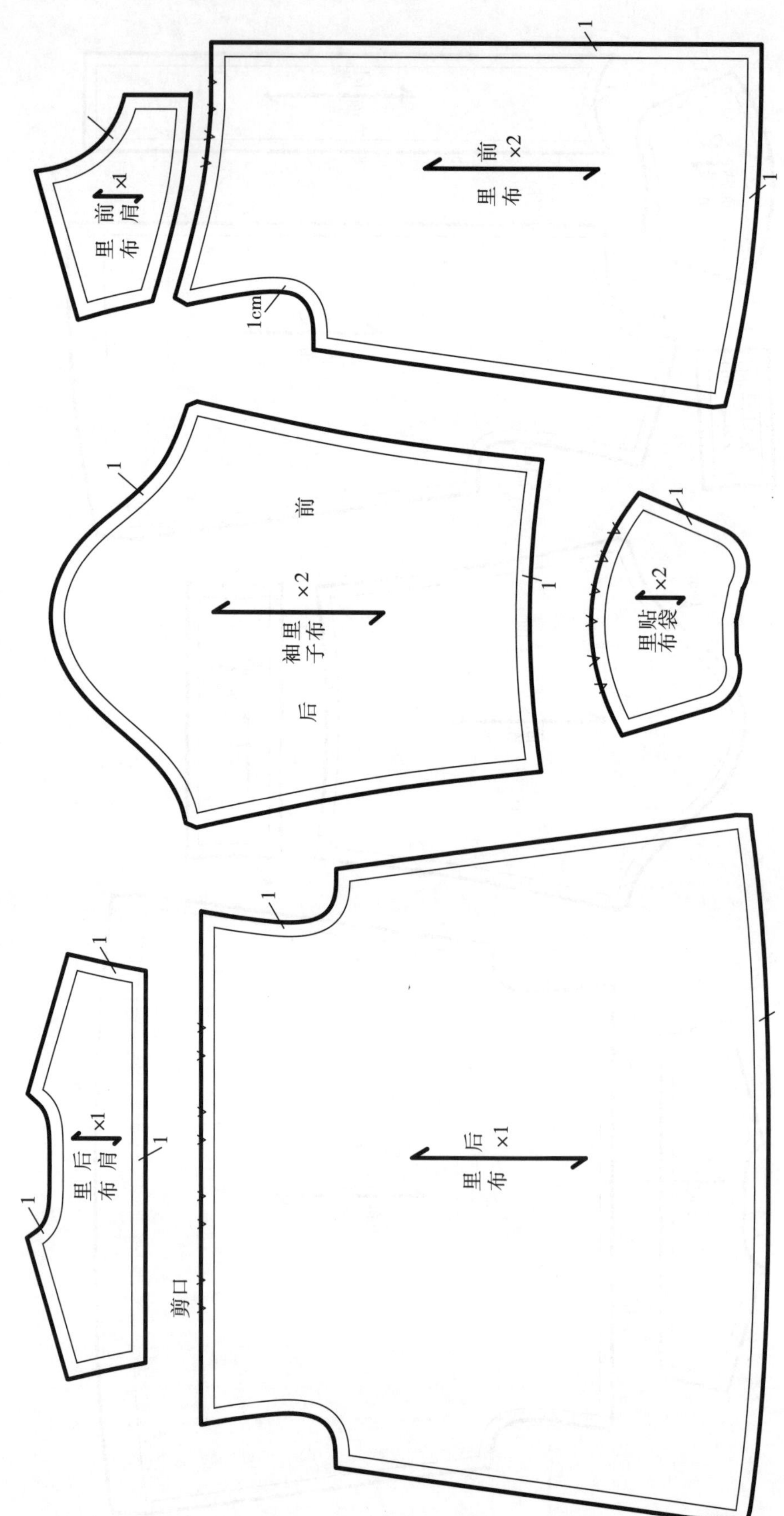

图1-45　冬季无领长大衣里布裁剪样板

十二、冬季夹棉上衣

采用纯棉印花布做面布，针织汗布做里布，中间夹棉，或者直接采用绗棉里布。适合冬季穿着。

1. 款式设计图（图 1–46）

正面款式图　　背面款式图

图1–46　冬季夹棉上衣款式设计图

2. 结构尺寸

冬季夹棉上衣结构尺寸见表 1–12，适合 0 ～ 4 岁婴幼童穿着。

表1–12　冬季夹棉上衣结构尺寸　　单位：cm

身高	衣长	胸围	肩宽	领围	袖窿深	袖长	袖口宽
66	30	54	21.5	26	11	23	8
73	32	56	23	26.5	11.5	25	8.5
80	34	58	24.5	27	12	27	9
90	38	62	26	28	12.5	30	9.5
100	42	66	27.5	29	13	33	10
110	46	70	29	30	13.5	36	10.5

3. 结构制图

冬季夹棉上衣结构制图以身高 90cm 幼童为例，如图 1–47 所示。

4. 裁剪样板

冬季夹棉上衣裁剪样板如图 1–48 所示。

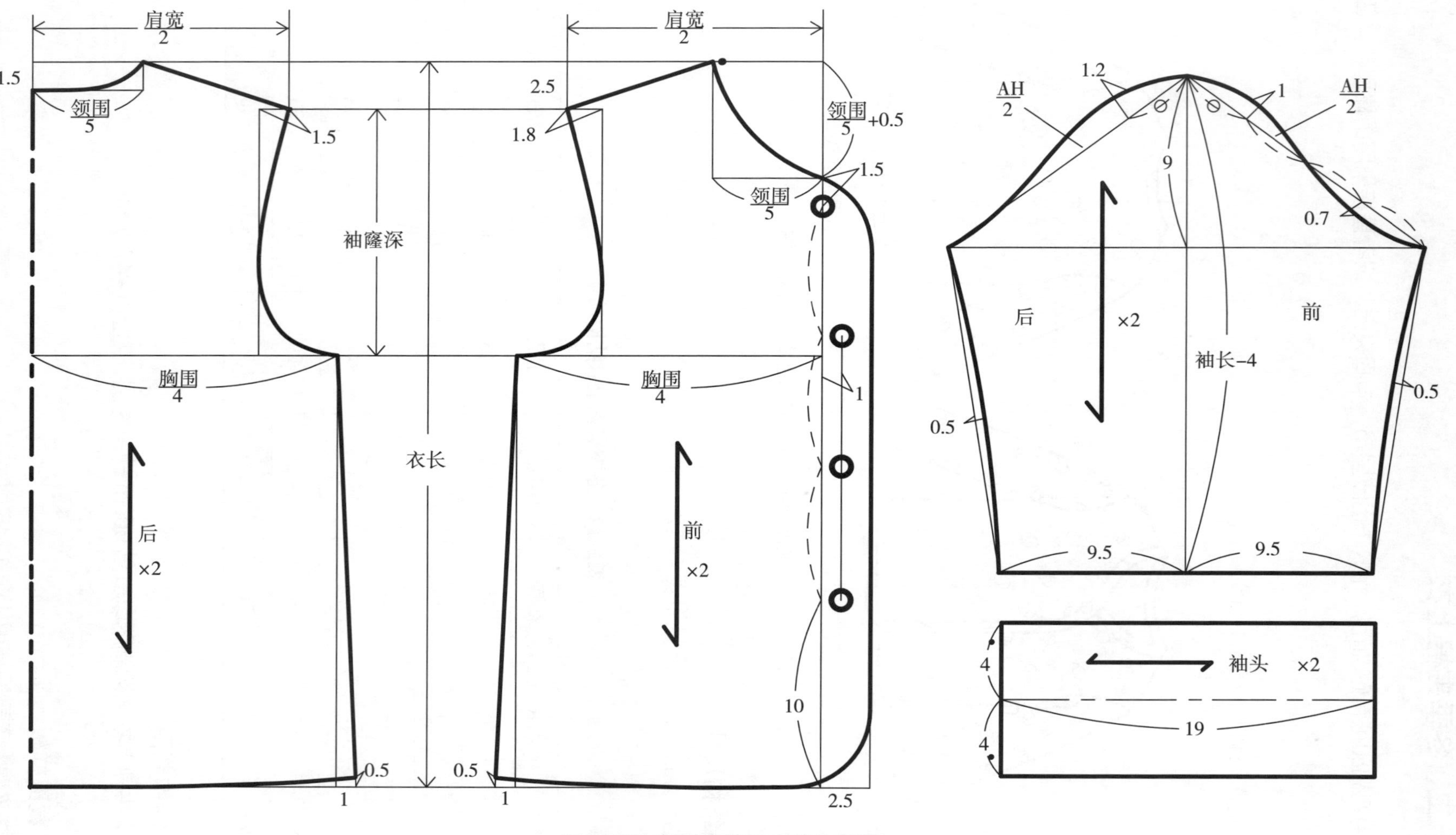

图1-47 冬季夹棉上衣结构制图

领口、前门襟、下摆包边，不加缝份。包边宽度为1.5cm，包边布宽为5cm。
纩棉里布的样板尺寸可与面布样板尺寸一致

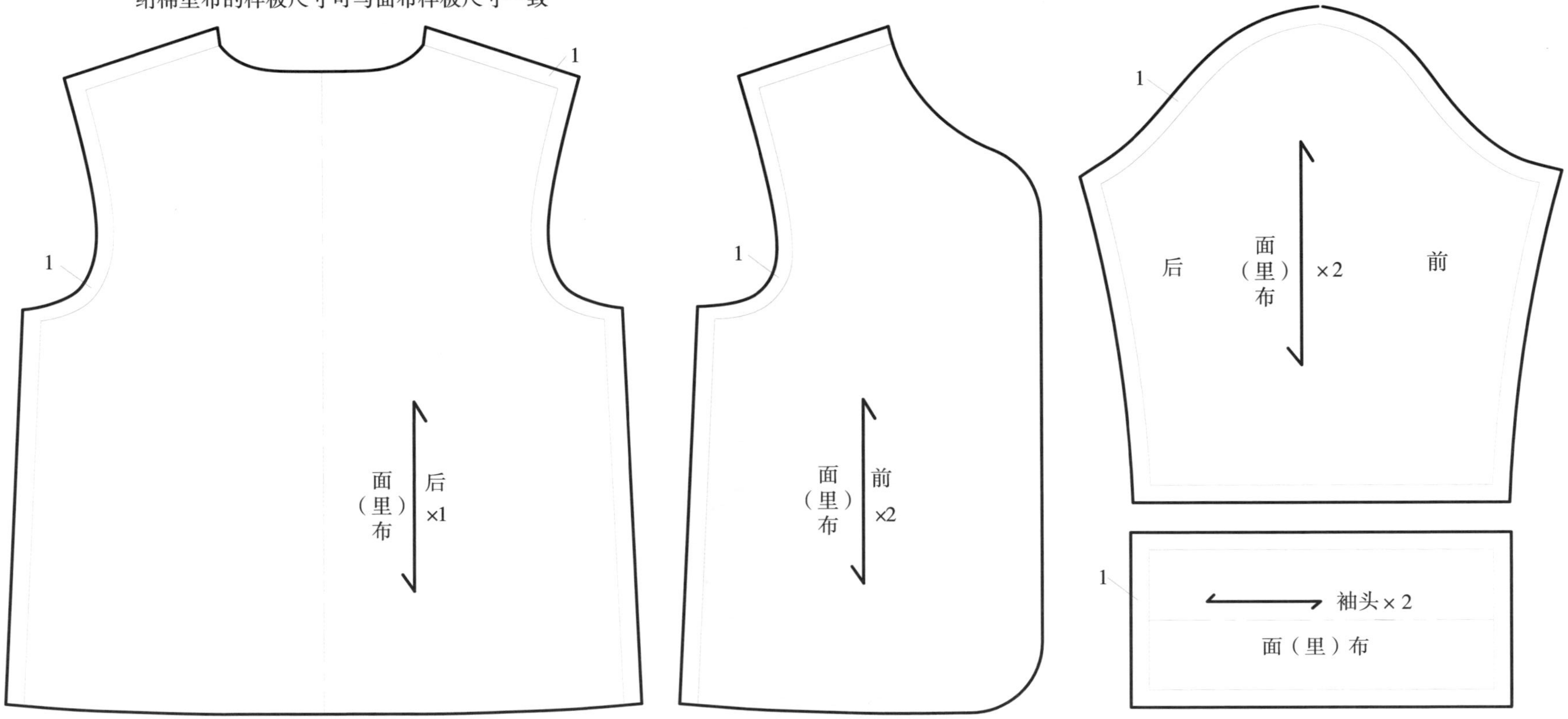

图1–48 冬季夹棉上衣裁剪样板

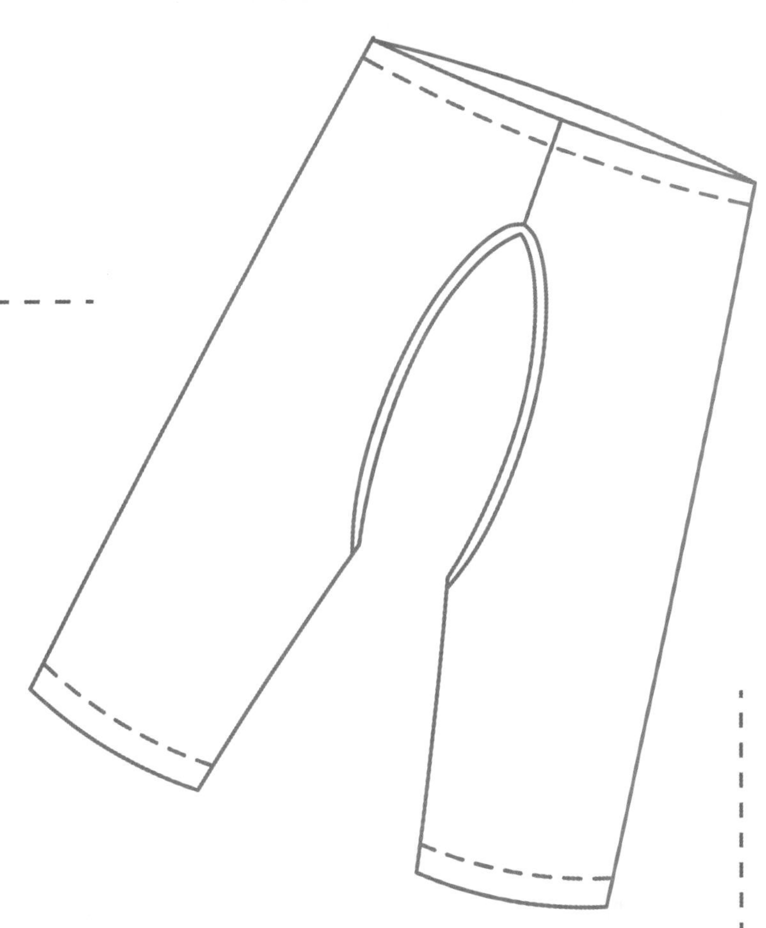

裤装

一、一片式开裆裤

二、合体开裆裤

三、高腰开裆裤

四、大PP裤

五、合体中裤

六、收褶宽松中裤

七、抽绳阔腿中裤

八、七分裤

九、长裤

教学目标： 1. 掌握婴幼童裤装的款式特点、穿着方式；

2. 掌握婴幼童裤装常用的面辅料；

3. 熟悉婴幼童各式裤装的规格尺寸；

4. 掌握婴幼童各式裤装的结构制图及样板制作。

教学重点： 1. 婴幼童裤装的款式设计；

2. 婴幼童裤装的结构制板。

教学方法： 1. 引入法：如引入婴幼童的生理特征讲述裤装的款式设计及服装结构特征；

2. 演示法：直接示范婴幼童裤装的款式绘制和结构制板；

3. 实践法：学生独立进行款式设计与结构制板。

婴幼童裤装设计时主要考虑婴幼童的生理特征及生活习性，以穿着便捷、方便排便或换纸尿裤为主，兼顾美观性。款式图如图 2-1、图 2-2 所示。

图2-1　婴幼童裤装款式图①

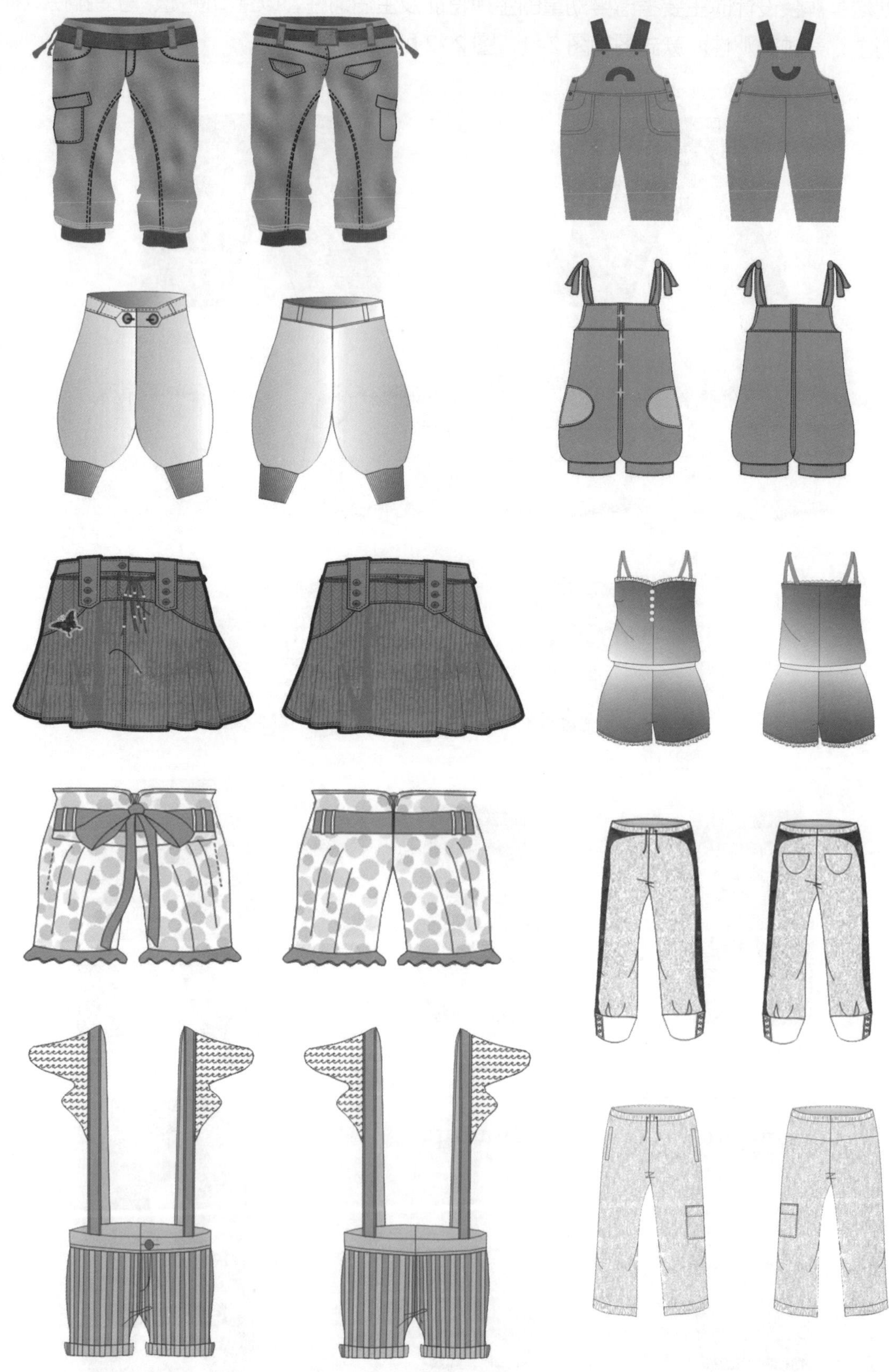

图2-2 婴幼童裤装款式图②

一、一片式开裆裤

一片式开裆裤省去侧缝线，使裤子更平整、柔软，款式更简洁、宽松，对于呈外八字腿型的婴儿来说，一片式开裆裤不但满足舒适性，也符合体型特征。

1. 款式设计图（图 2–3）

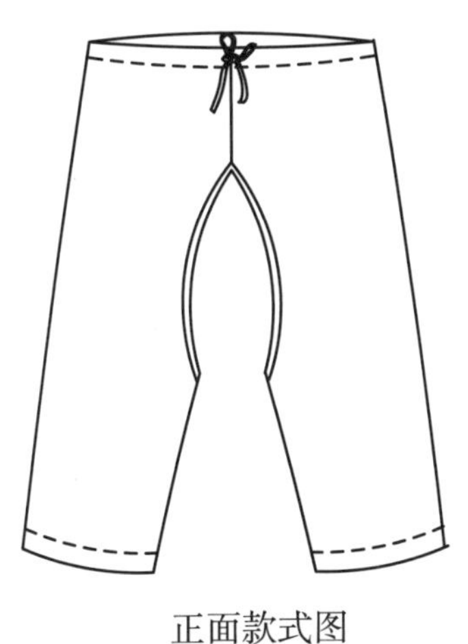

正面款式图　　背面款式图

图2–3　一片式开裆裤款式设计图

2. 结构尺寸

一片式开裆裤结构尺寸见表 2–1，适合 0 ～ 6 个月婴儿穿着。

表2–1　一片式开裆裤结构尺寸　　单位：cm

身高	裤长	上裆长	臀围	裤口宽
52	30	14	56	9.5
59	35	15	59	10
66	40	16	62	10.5

3. 结构制图

一片式开裆裤结构制图以身高 59cm 婴儿为例，如图 2–4 所示。

4. 裁剪样板

一片式开裆裤裁剪样板如图 2–5 所示。

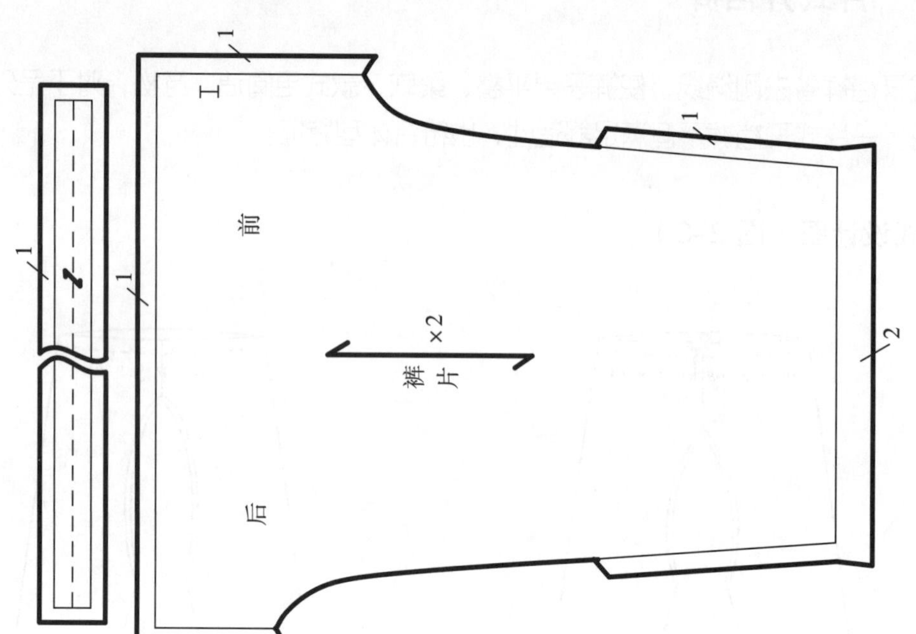

图2-5　一片式开裆裤裁剪样板

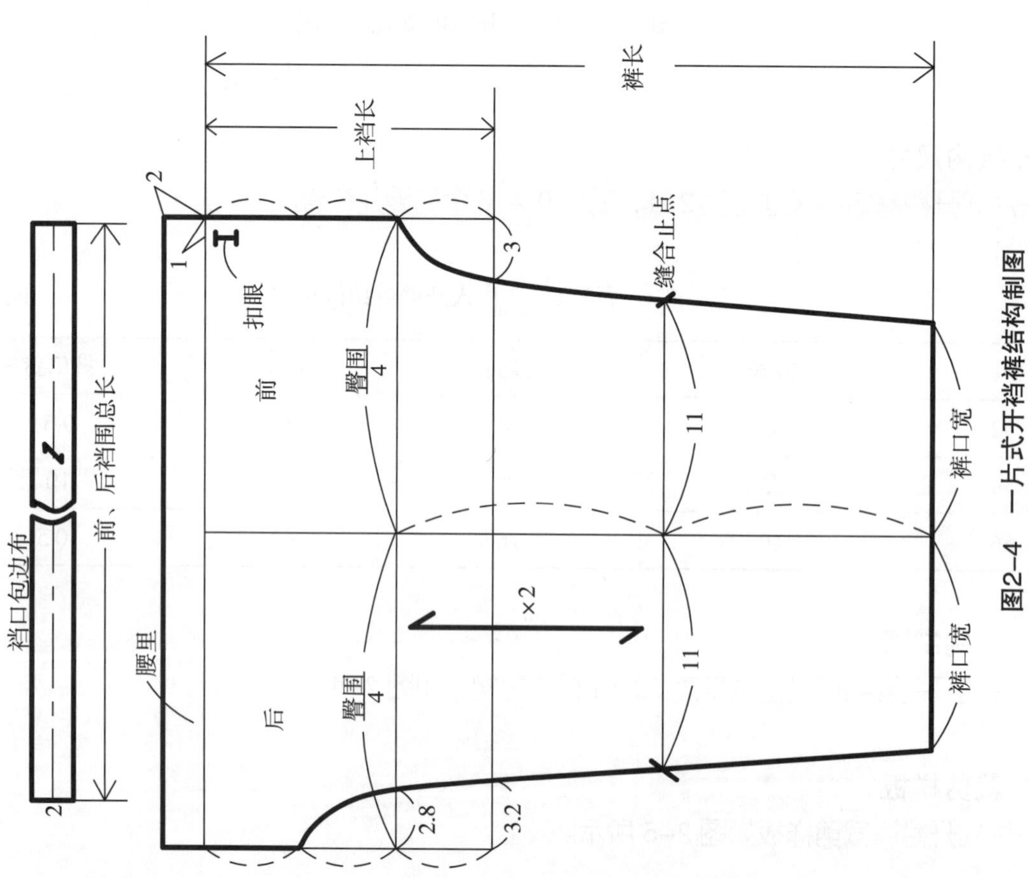

图2-4　一片式开裆裤结构制图

二、合体开裆裤

裤身较合体，多采用纯棉针织面料。

1. 款式设计图（图 2–6）

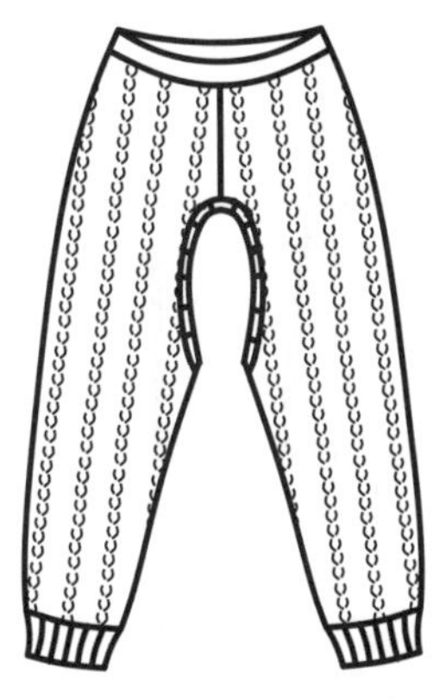

正面款式图

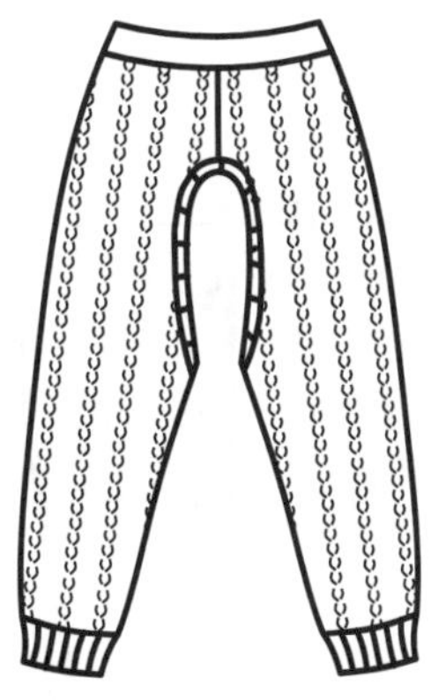

背面款式图

图2–6　合体开裆裤款式设计图

2. 结构尺寸

合体开裆裤结构尺寸见表 2–2，适合 0 ～ 24 个月婴幼童穿着。

表2–2　合体开裆裤结构尺寸　　单位：cm

身高	裤长	上裆长	腰围（加松紧带后）	臀围	罗纹裤口宽
52	29	14	39	52	5.5
59	34	15	41	55	6
66	39	16	43	58	6.5
73	44	167	45	61	7
80	49	18	47	64	7.5
90	56	19	50	68	8

3. 结构制图

合体开裆裤结构制图以身高 66cm 婴幼童为例，如图 2–7 所示。

4. 裁剪样板

合体开裆裤裁剪样板如图 2–8 所示。

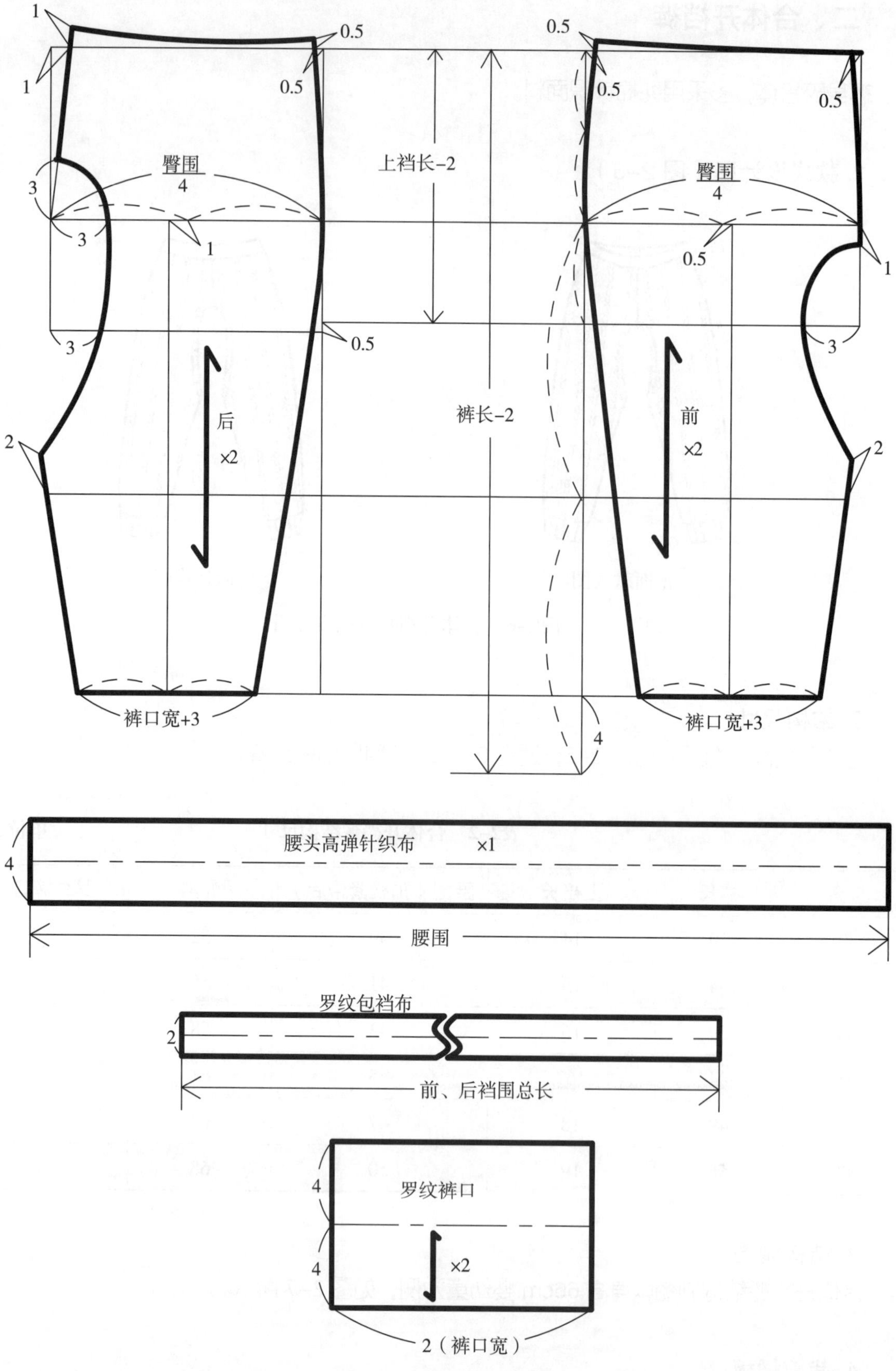

图2-7　合体开裆裤结构制图

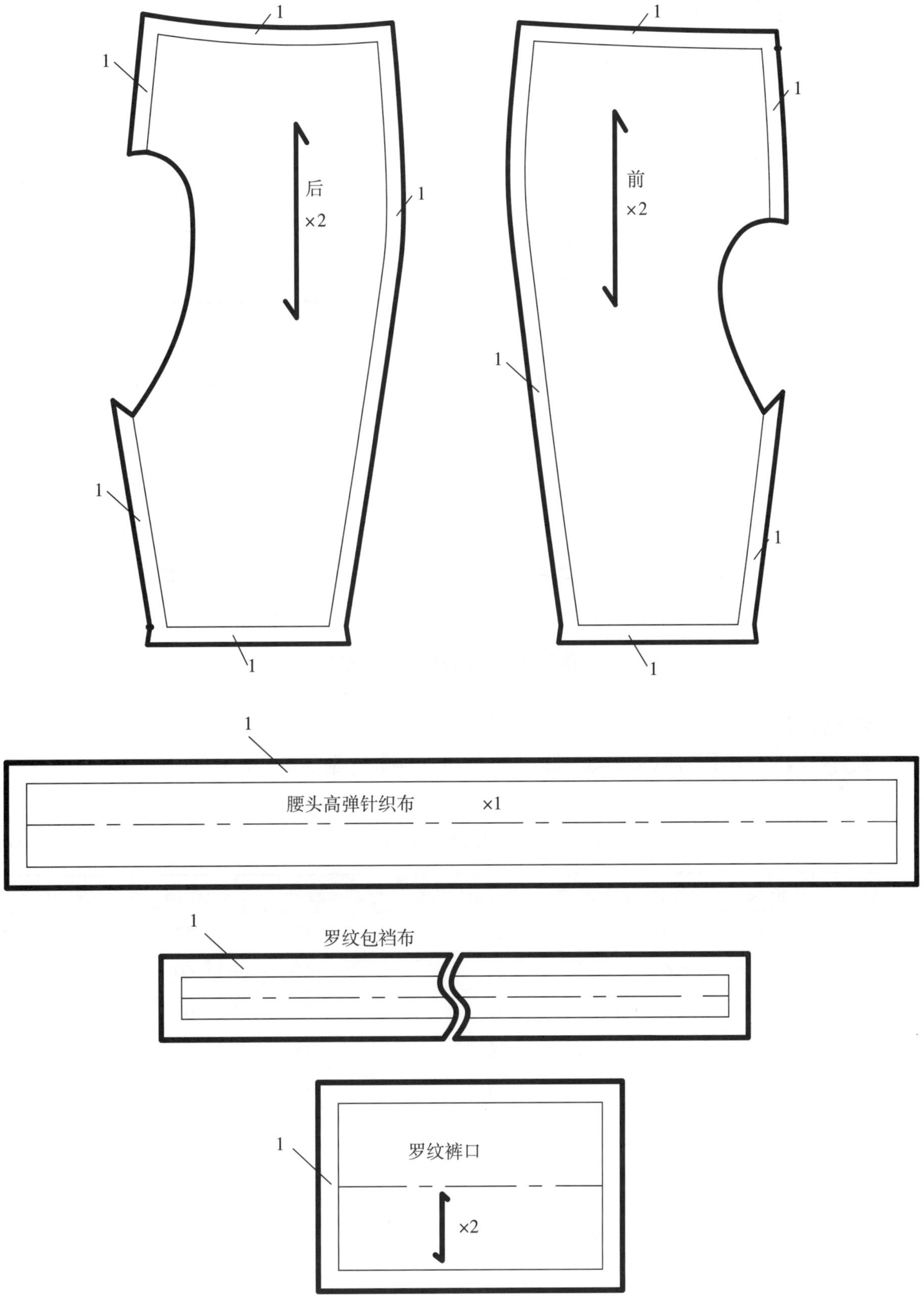

图2-8　合体开裆裤裁剪样板

三、高腰开裆裤

腰部加高，尤其适合晚上睡觉时穿，可防止肚子着凉。臀围较宽，睡眠更舒适。

1. 款式设计图（图 2–9）

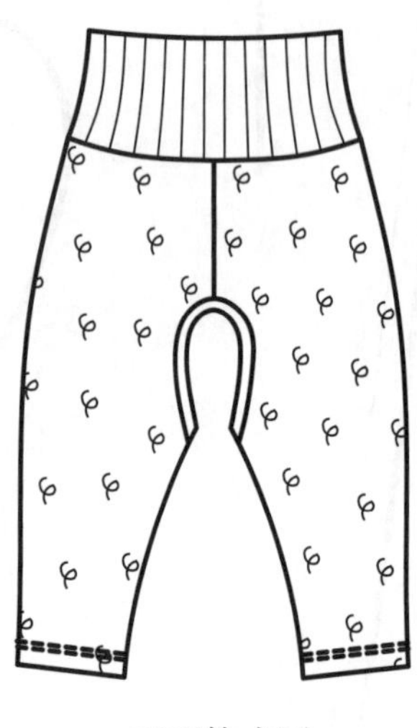

正面款式图

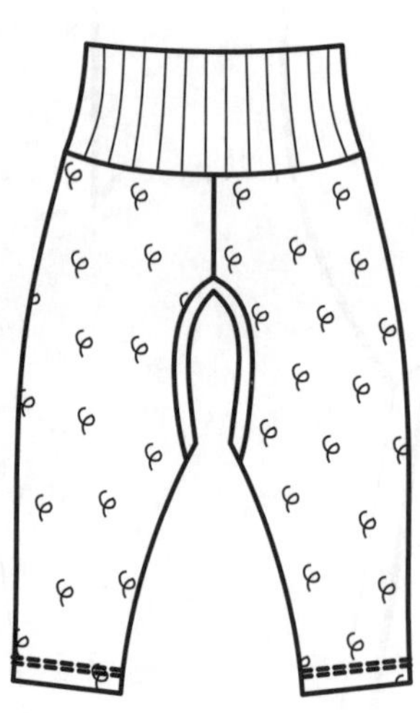

背面款式图

图2–9 高腰开裆裤款式设计图

2. 结构尺寸

高腰开裆裤结构尺寸见表 2–3，适合 0 ～ 24 个月婴幼童穿着。

表2–3 高腰开裆裤结构尺寸 单位：cm

身高	裤长	腰长	上裆长（不包括腰宽）	腰围	臀围	裤口宽
52	35	6	13	39	57	9.5
59	40	6	14	41	60	10
66	45	6	15	43	63	10.5
73	50	6	16	45	66	11
80	55	6	17	47	69	11.5
90	62	7	18	50	73	12

3. 结构制图

高腰开裆裤结构制图以身高 66cm 婴儿为例，如图 2–10 所示。

4. 裁剪样板

高腰开裆裤裁剪样板如图 2–11 所示。

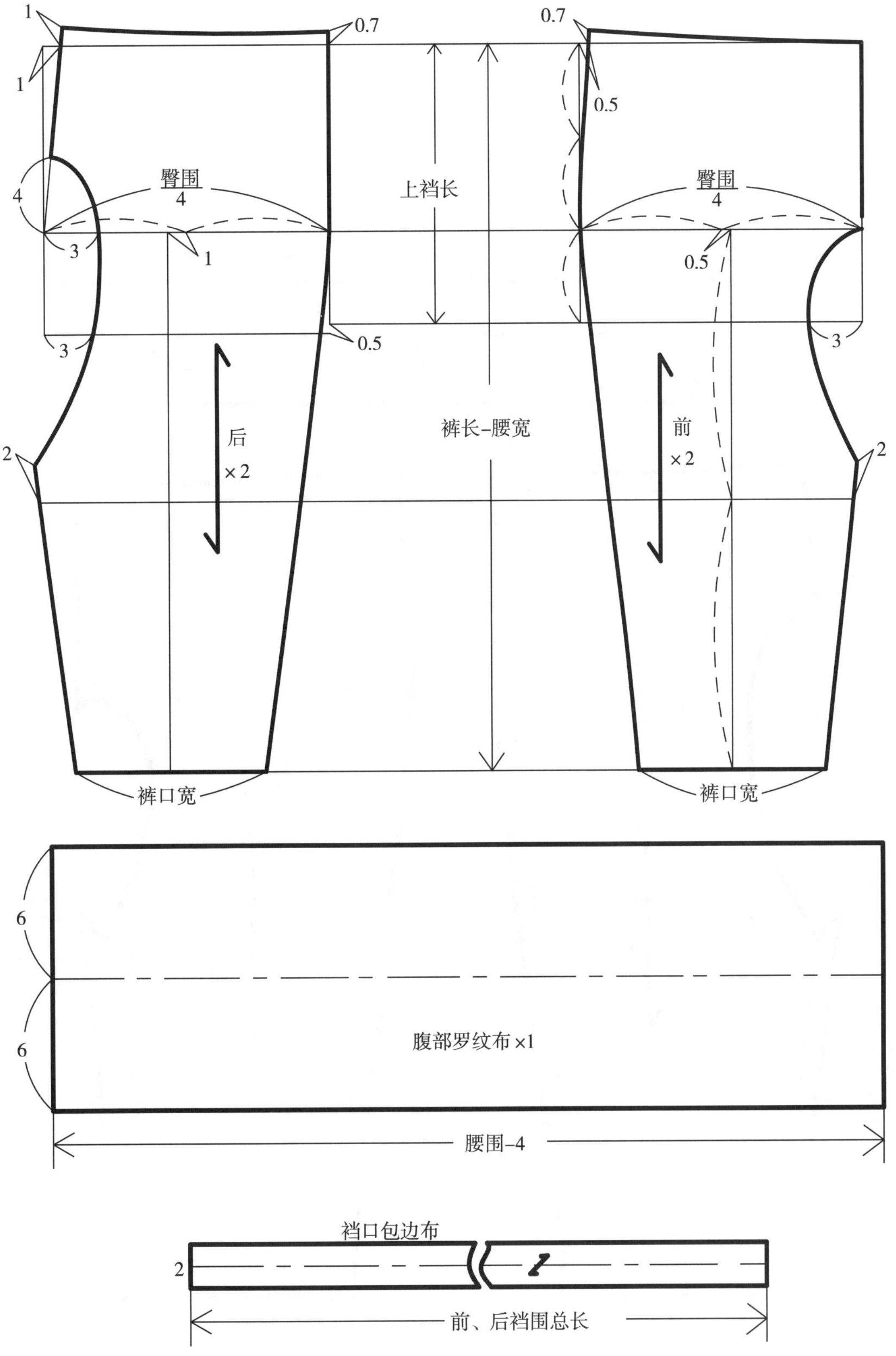

图2-10 高腰开裆裤结构制图

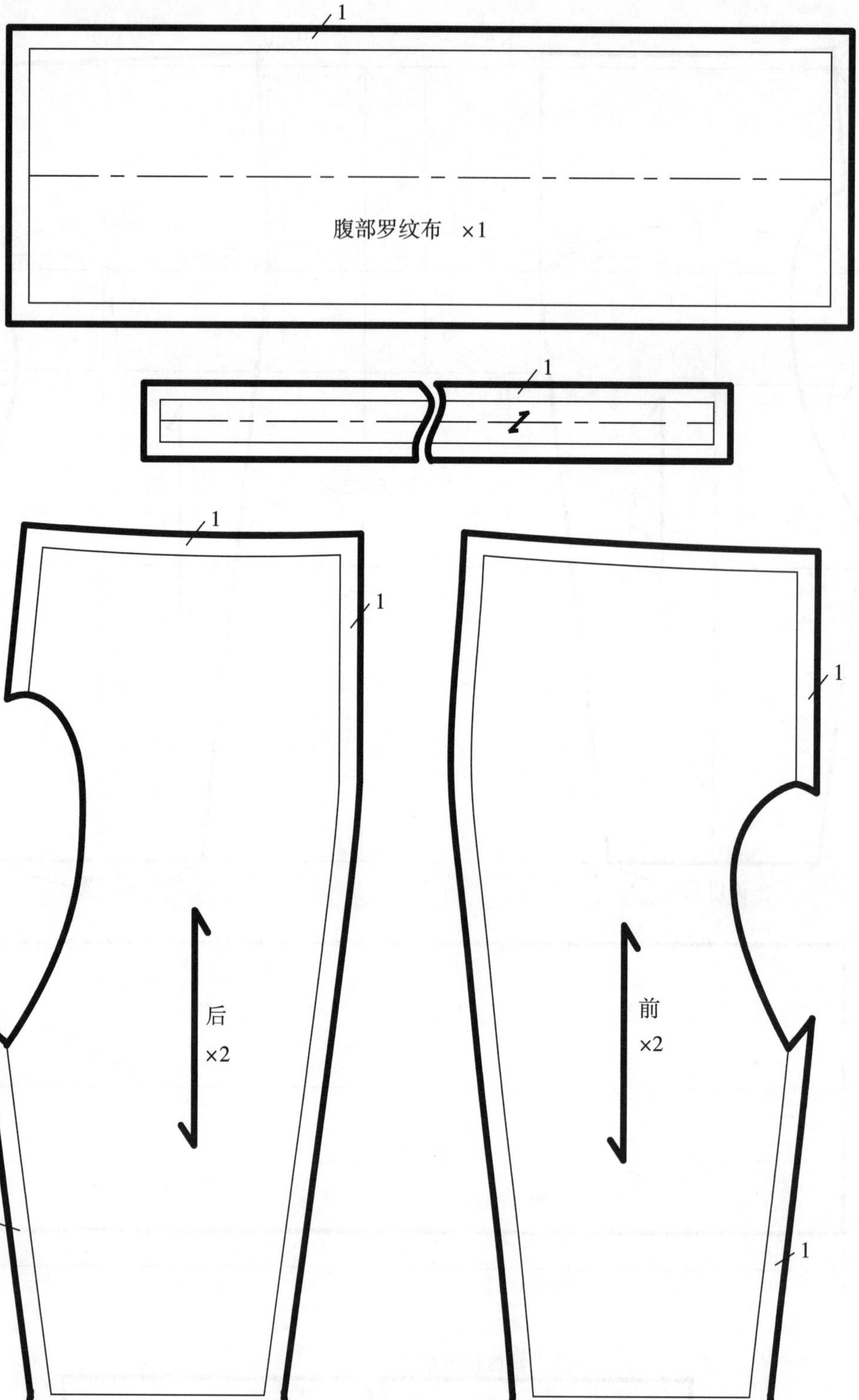

图2-11 高腰开裆裤裁剪样板

四、大 PP 裤

可爱的大 PP 裤非常方便纸尿裤的穿脱。由于裹纸尿裤，因此裆比较低。

1. 款式设计图（图 2–12）

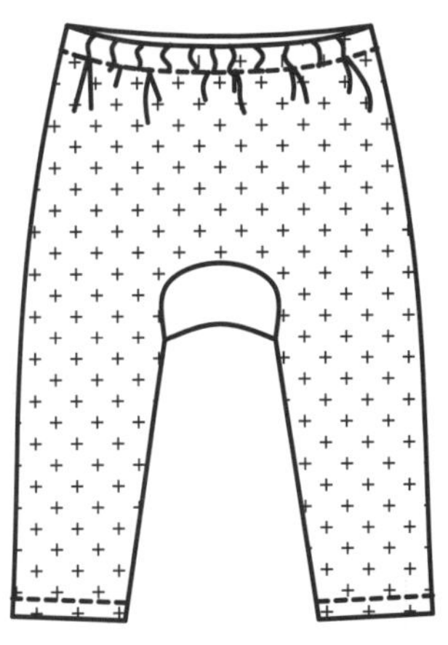

正面款式图

背面款式图

图2–12　大PP裤款式设计图

2. 结构尺寸

大 PP 裤结构尺寸见表 2–4，适合 0 ～ 4 岁婴幼童穿着。

表2–4　大PP裤结构尺寸　　单位：cm

身高	裤长	上裆长	臀围	腰围（装松紧带后）	裤口宽
52	31	18	50	35	9
59	34	19	53	37	9.5
66	37	20	56	39	10
73	40	21	59	41	10.5
80	43	22	62	43	11
90	50	23	66	45	12
100	57	24	70	47	13
110	64	25	74	49	14

3. 结构制图

大 PP 裤结构制图以身高 66cm 婴幼童为例，如图 2–13 所示。

4. 裁剪样板

大 PP 裤裁剪样板如图 2–14 所示。

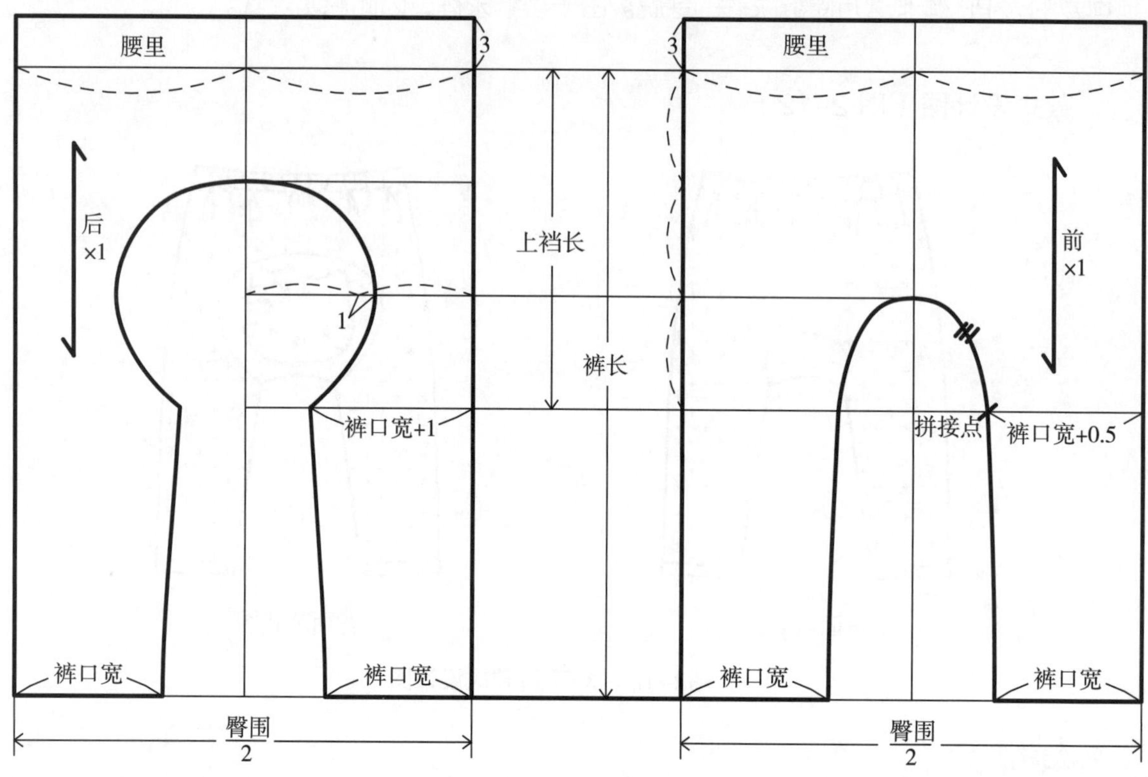

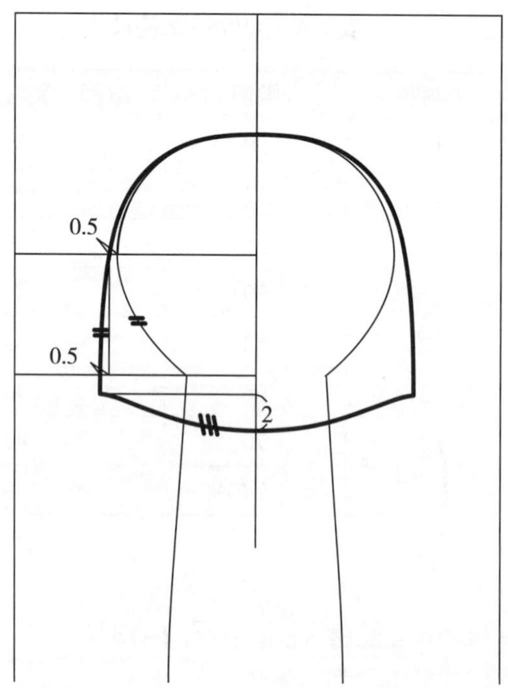

图2-13　大PP裤结构制图

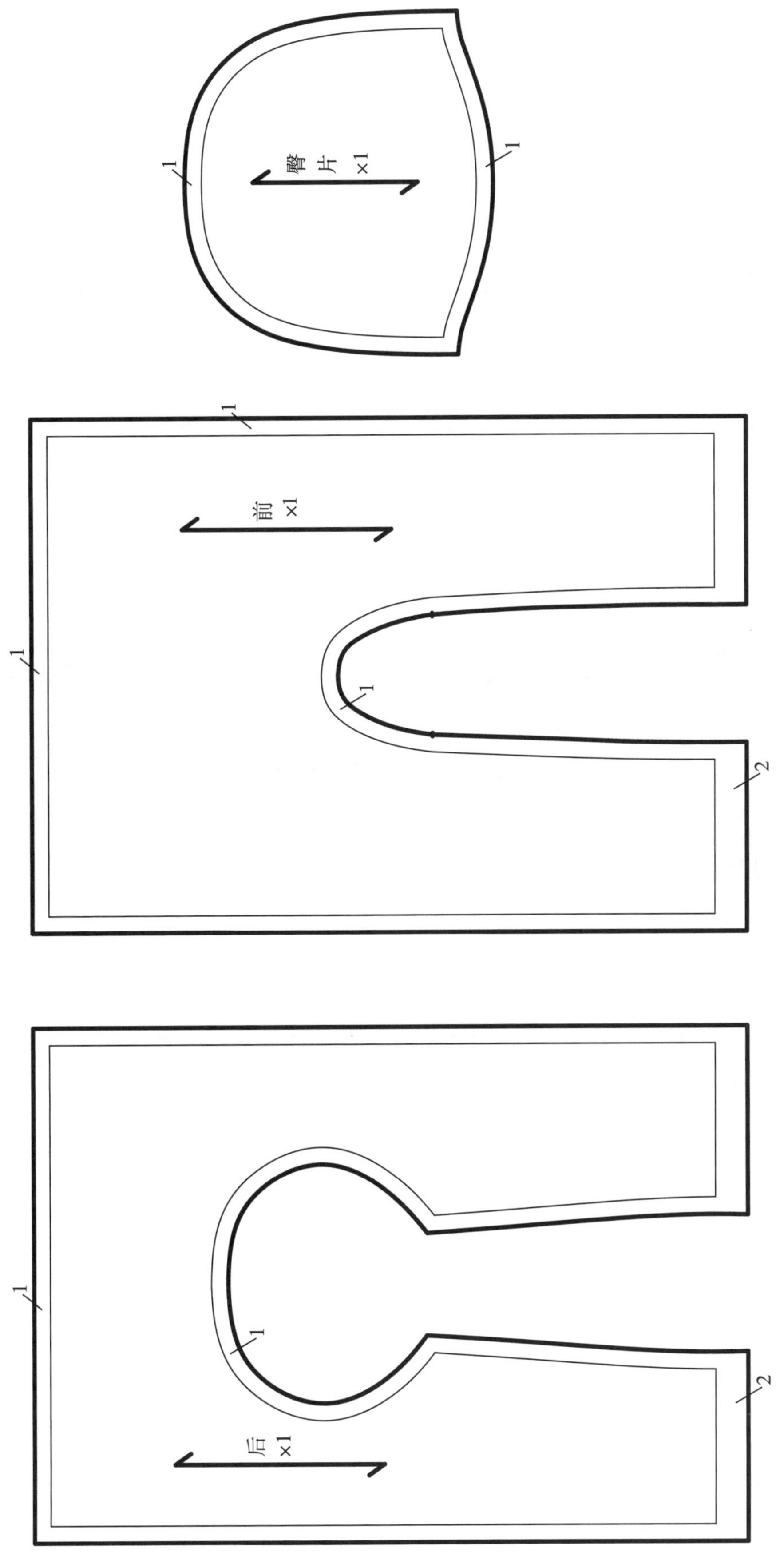

臀片 ×1

前 ×1

后 ×1

图2-14 大PP裤裁剪样板

五、合体中裤

较适合男幼童。

1. 款式设计图（图 2–15）

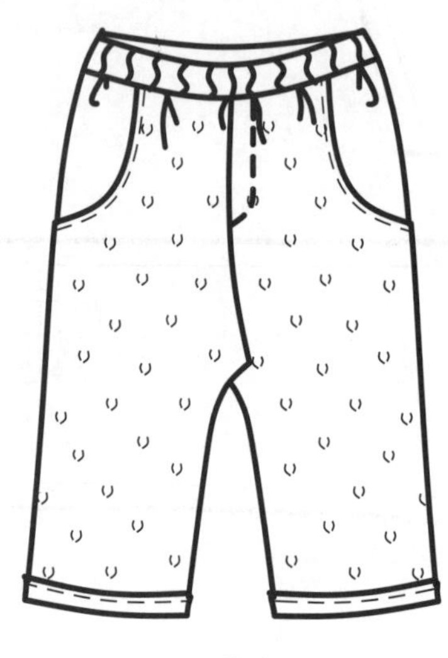

正面款式图

背面款式图

图2–15 合体中裤款式设计图

2. 结构尺寸

合体中裤结构尺寸见表 2–5，适合 1 ~ 4 岁幼童穿着。

表2–5 合体中裤结构尺寸 单位：cm

身高	裤长	上裆长	臀围	腰围（装松紧带后）	裤口宽
80	29	18	64	43	14
90	32	19	68	45	15
100	35	20	72	47	16
110	38	21	76	49	17

3. 结构制图

合体中裤结构制图以身高 100cm 幼童为例，如图 2–16 所示。

4. 裁剪样板

合体中裤裁剪样板如图 2–17 所示。

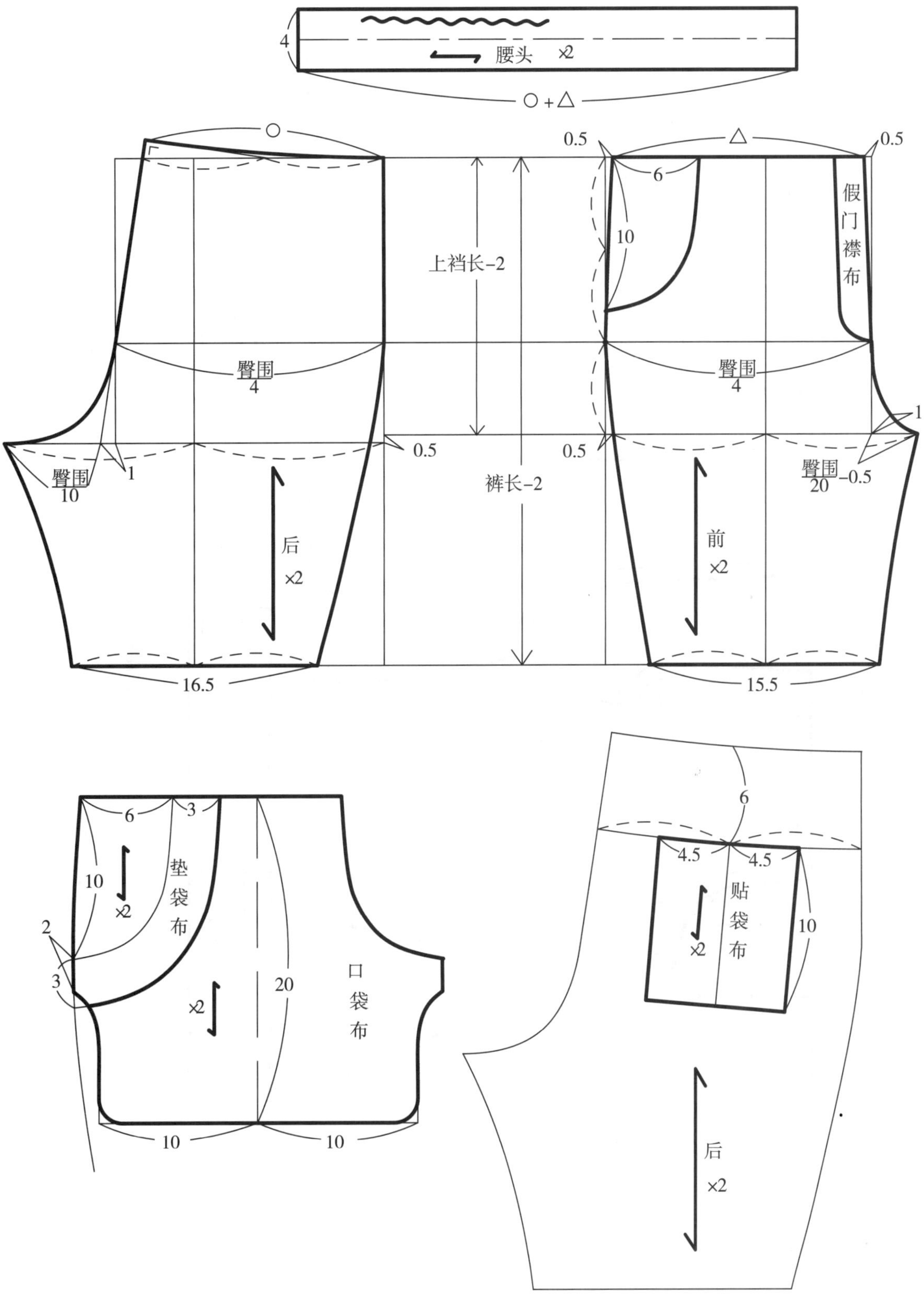

图2-16 合体中裤结构制图

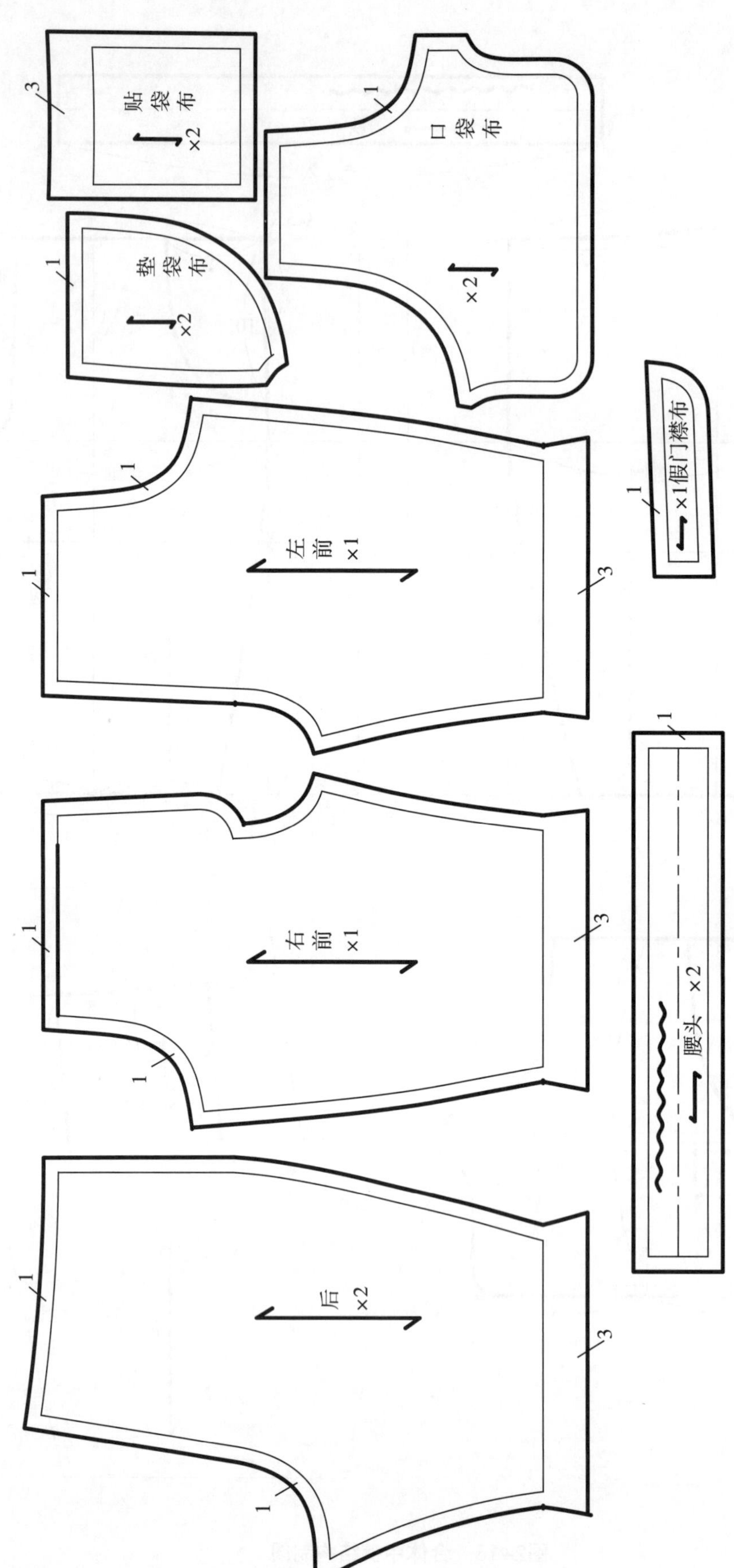

图2-17　合体中裤裁剪样板

六、收褶宽松中裤

采用纯棉或涤棉机织面料，裤裆较低，灯笼裤效果。

1. 款式设计图（图 2–18）

正面款式图

背面款式图

图2–18　收褶宽松中裤款式设计图

2. 结构尺寸

收褶宽松中裤结构尺寸见表 2–6，适合 0 ～ 4 岁婴幼童穿着。

表2–6　收褶宽松中裤结构尺寸　　单位：cm

身高	裤长	上裆长	臀围	腰围（装松紧带后）	裤口宽
59	22	16	61	37	12
66	24	17	64	39	13
73	26	18	67	41	14
80	28	19	70	43	15
90	31	20	74	45	16
100	34	21	78	47	17
110	37	22	82	49	18

3. 结构制图

收褶宽松中裤结构制图以身高 80cm 婴幼童为例，如图 2–19 所示。

4. 裁剪样板

收褶宽松中裤裁剪样板如图 2–20 所示。

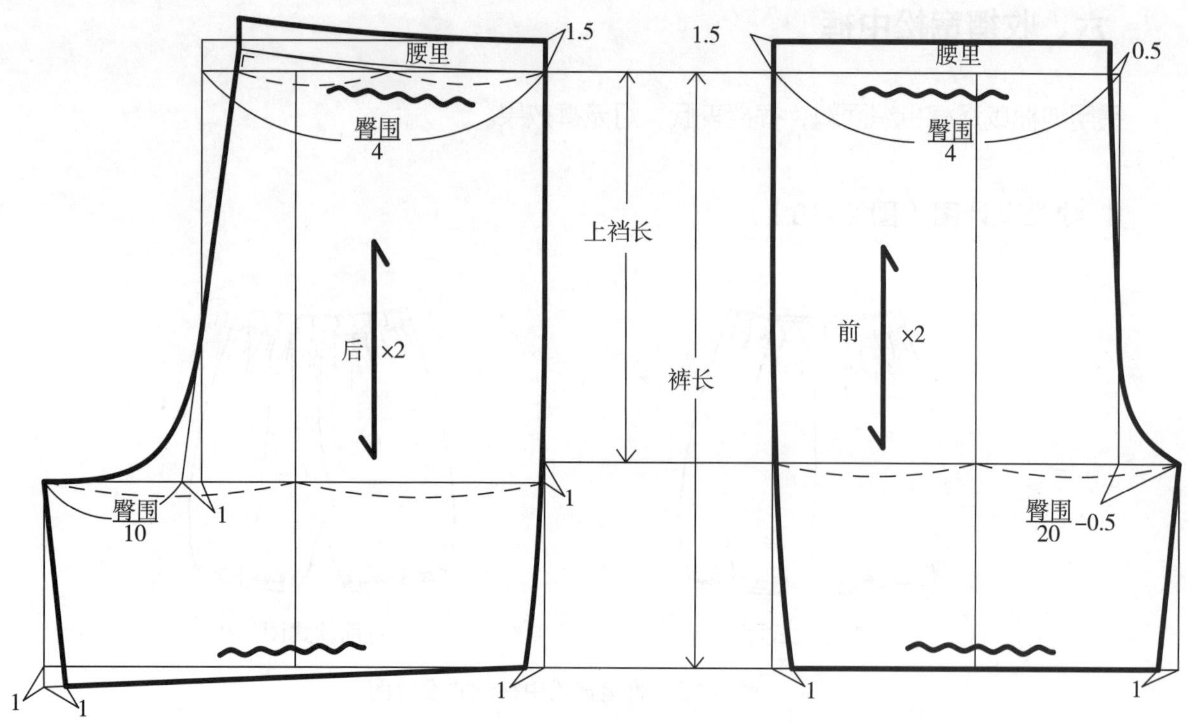

图2-19　收褶宽松中裤结构制图

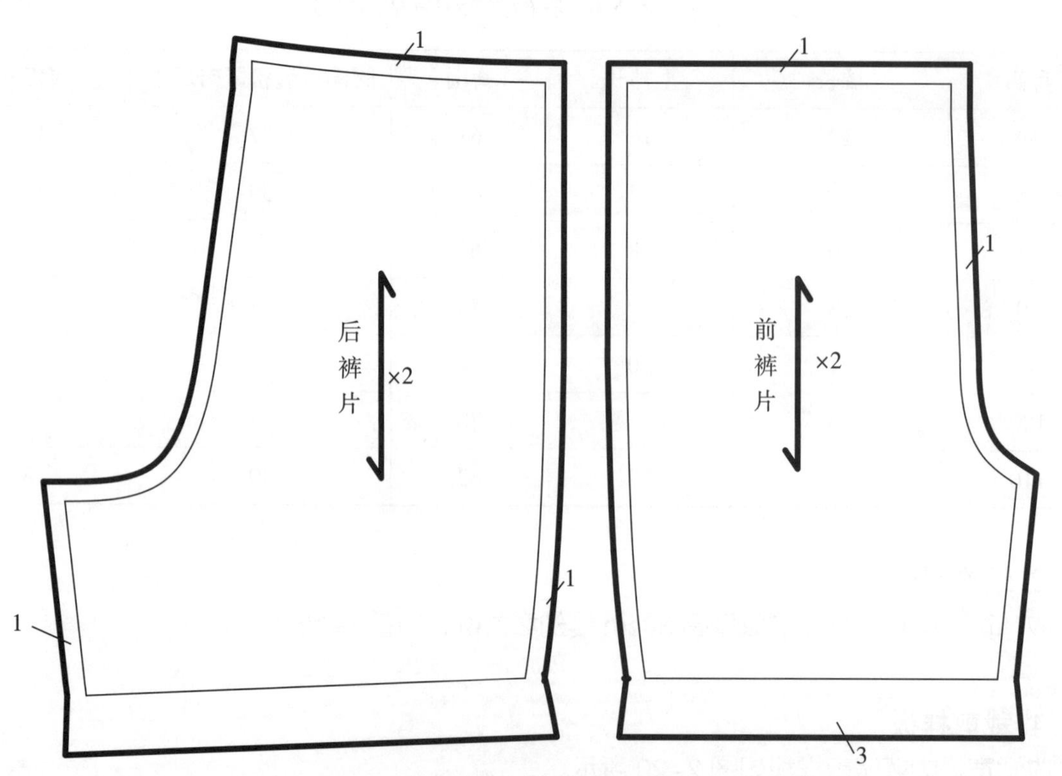

图2-20　收褶宽松中裤结构制图

七、抽绳阔腿中裤

宽松，宽裤口。

1. 款式设计图（图 2–21）

正面款式图

背面款式图

图2–21　抽绳阔腿中裤款式设计图

2. 结构尺寸表

抽绳阔腿中裤结构尺寸见表 2–7，适合 1 ～ 4 岁幼童穿着。

表2–7　抽绳阔腿中裤结构尺寸　　单位：cm

身高	裤长	上裆长	臀围	腰围（装松紧带后）	裤口宽
80	29	19	72	43	22
90	32	20	76	45	24
100	35	21	80	47	26
110	37	22	84	49	28

3. 结构制图

抽绳阔腿中裤结构制图以身高 100cm 幼童为例，如图 2–22 所示。

4. 裁剪样板

抽绳阔腿中裤裁剪样板如图 2–23 所示。

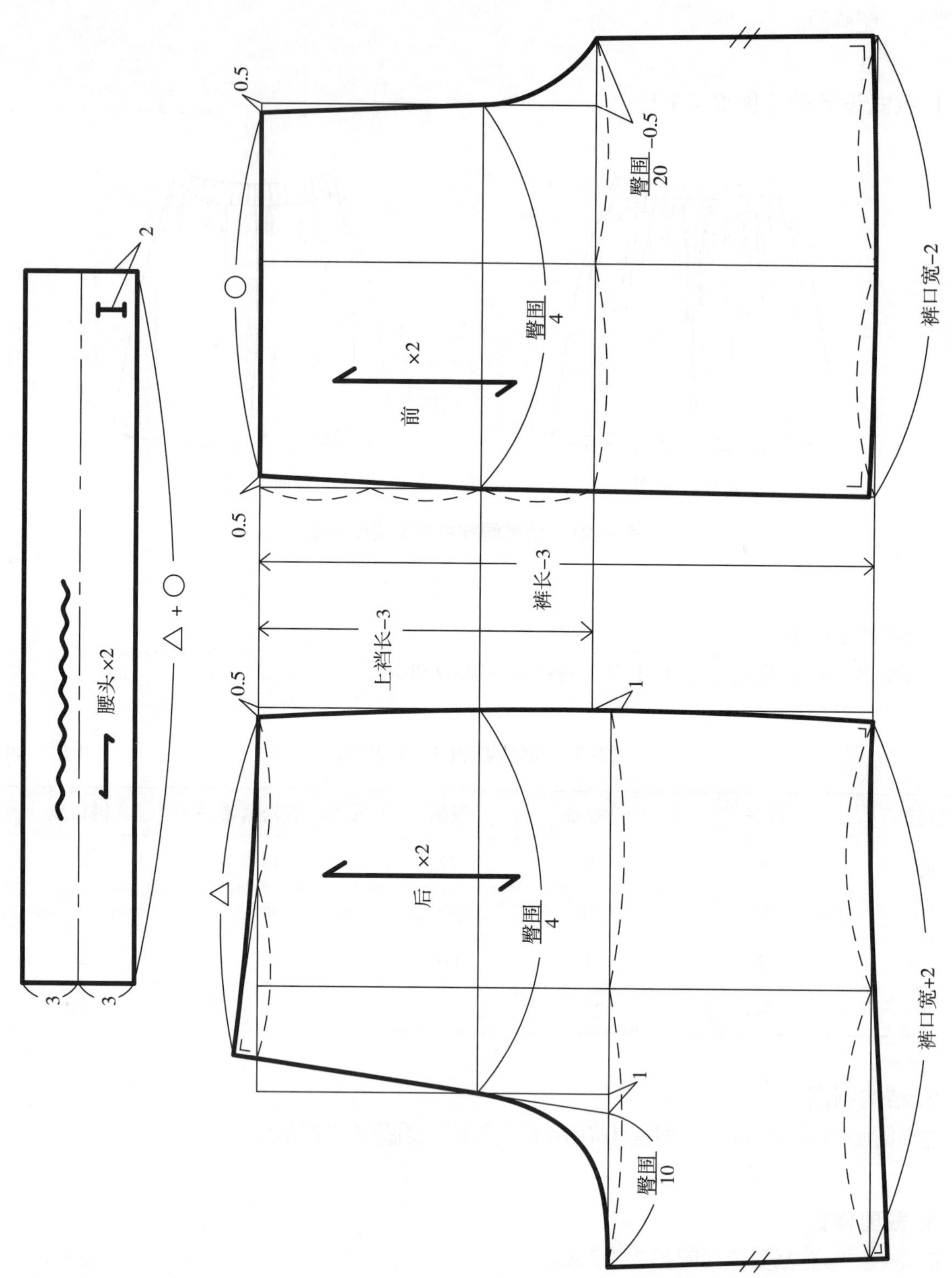

图2-22 抽绳阔腿中裤结构制图

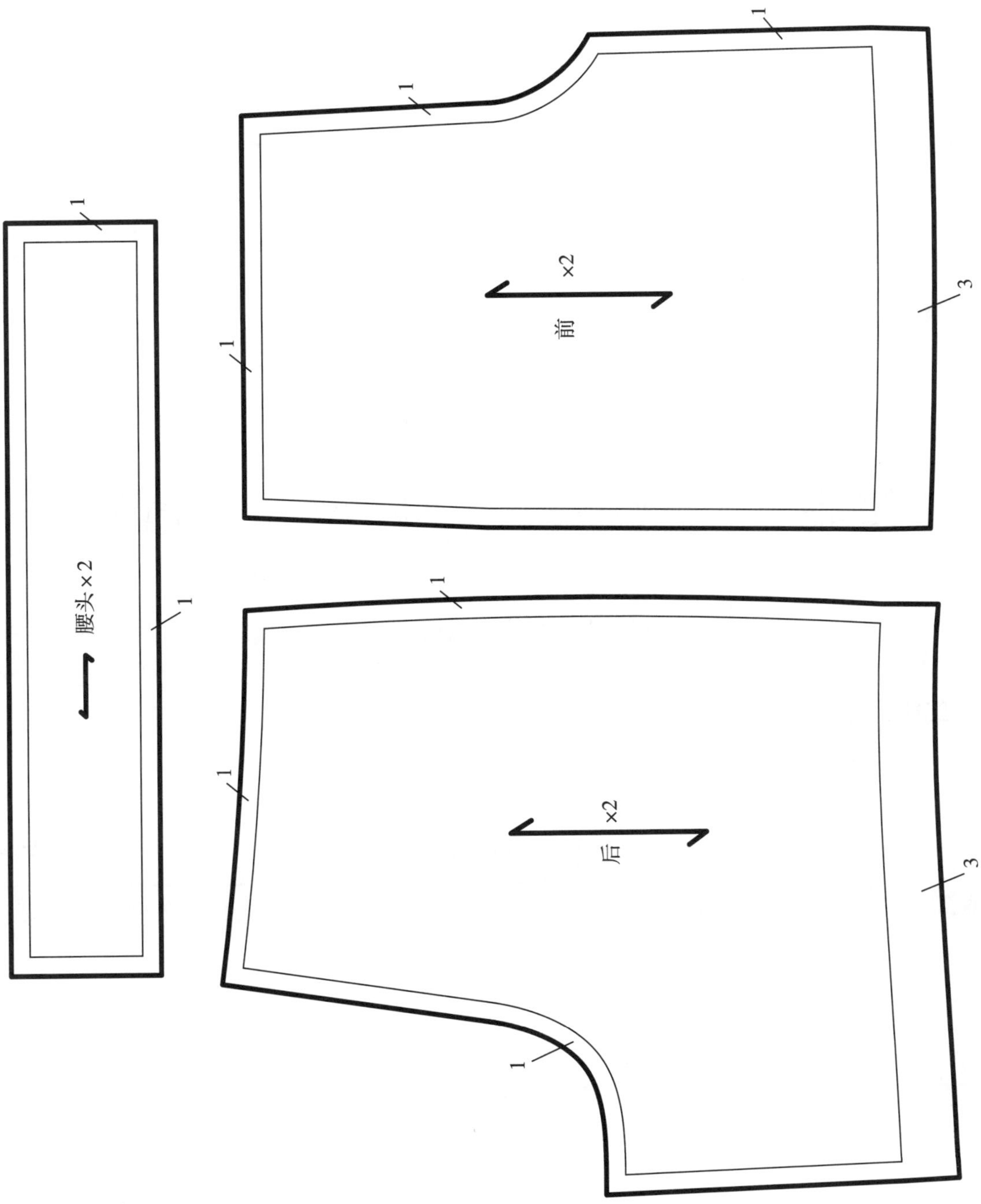

腰头×2

前 ×2

后 ×2

图2-23 抽绳阔腿中裤裁剪样板

八、七分裤

采用柔软的针织面料或加莱卡的纯棉机织薄面料，款式宽松、简单，前衣片用绳子系结，穿脱方便，非常适合较小幼童穿着。

1. 款式设计图（图 2-24）

正面款式图

背面款式图

图2-24 七分裤款式设计图

2. 结构尺寸

七分裤结构尺寸见表 2-8，适合 1 ~ 4 岁幼童穿着。

表2-8 七分裤结构尺寸 单位：cm

身高	裤长	上裆长	臀围	腰围（装松紧带后）	裤口宽
80	37	18	62	43	11.5
90	42	19	66	45	12.5
100	47	20	70	47	13.5
110	52	21	74	49	14.5

3. 结构制图

七分裤结构制图以身高 100cm 幼童为例，如图 2-25 所示。

4. 裁剪样板

七分裤裁剪样板如图 2-26 所示。

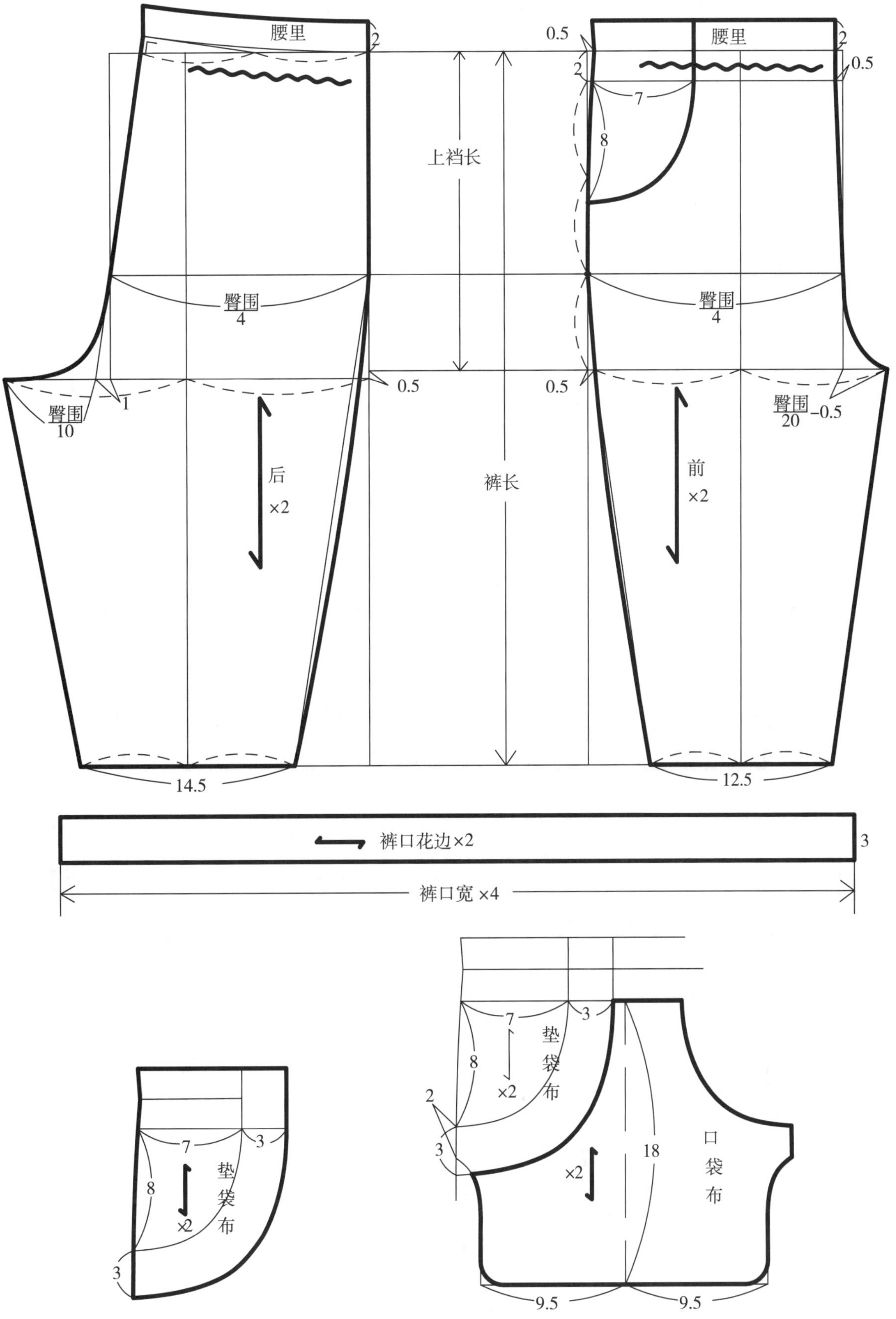
腰里
2
0.5
腰里
2
0.5
2
7
8
上裆长
臀围
4
臀围
4
0.5
0.5
臀围
10
1
臀围
20
-0.5
后
×2
裤长
前
×2
14.5
12.5
裤口花边×2
3
裤口宽 ×4
7
3
垫
袋
布
8
×2
2
3
18
×2
口
袋
布
7
3
8
垫
袋
布
×2
3
9.5
9.5

图2–25　七分裤结构制图

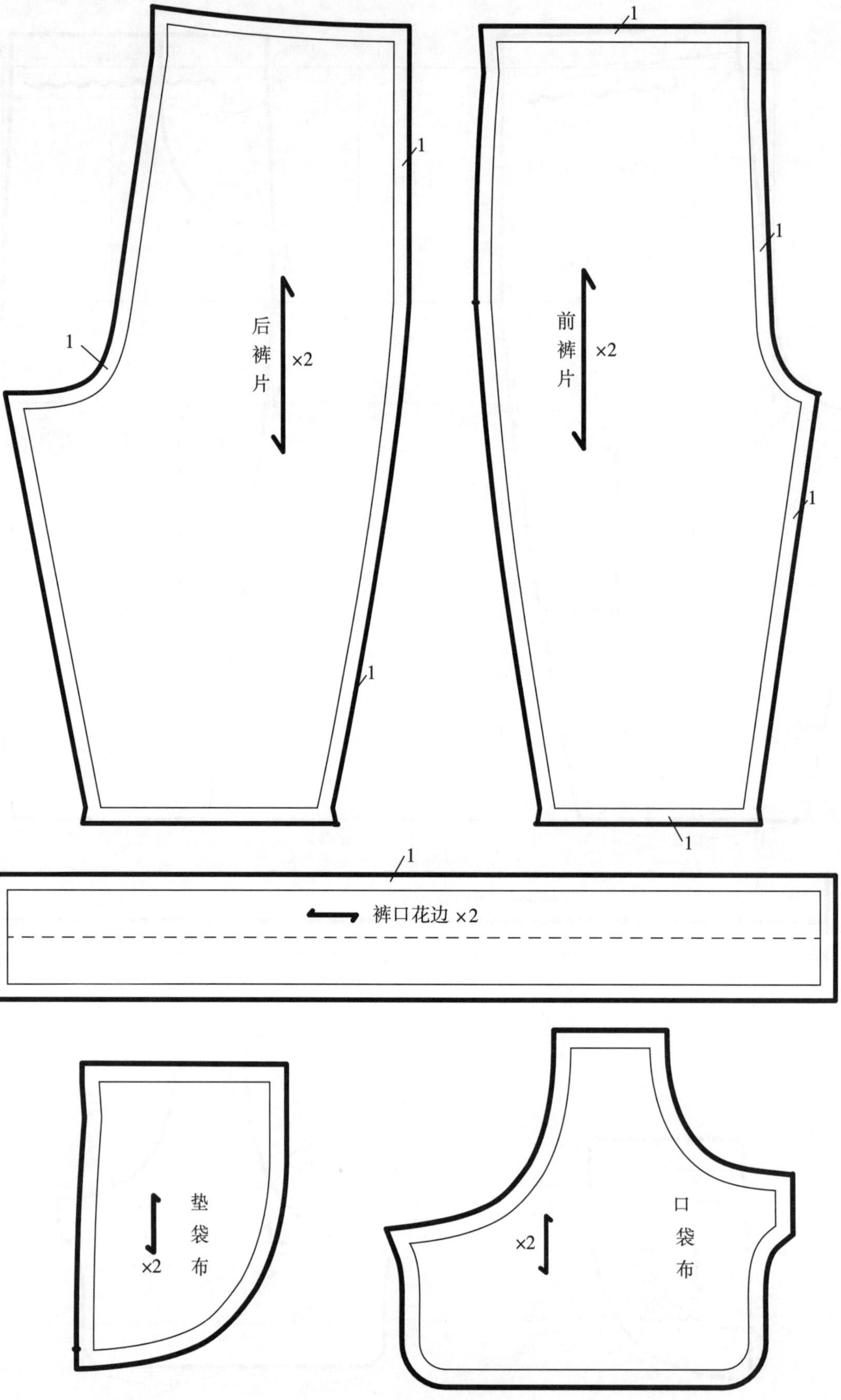

图2-26 七分裤裁剪样板

九、长裤

最普通实用的款型，采用纯棉薄软面料或针织面料，男女童都适穿。

1. 款式设计图（图 2–27）

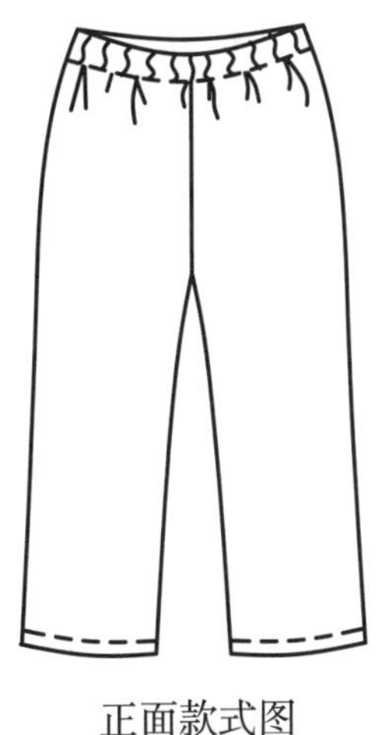

正面款式图

背面款式图

图2–27　长裤款式设计图

2. 结构尺寸

长裤结构尺寸见表 2–9，适合 0 ~ 4 岁婴幼童穿着。

表2–9　长裤结构尺寸　　单位：cm

身高	裤长	上裆长	臀围	腰围（装松紧带后）	裤口宽
52	32	15	50	35	9
59	35	16	53	37	9.5
66	38	17	56	39	10
73	41	18	59	41	10.5
80	44	19	62	43	11
90	51	20	66	45	12
100	58	21	70	47	13
110	65	22	74	49	14

3. 结构制图

长裤结构制图以身高 110cm 幼童为例，如图 2–28 所示。

4. 裁剪样板

长裤裁剪样板如图 2–29 所示。

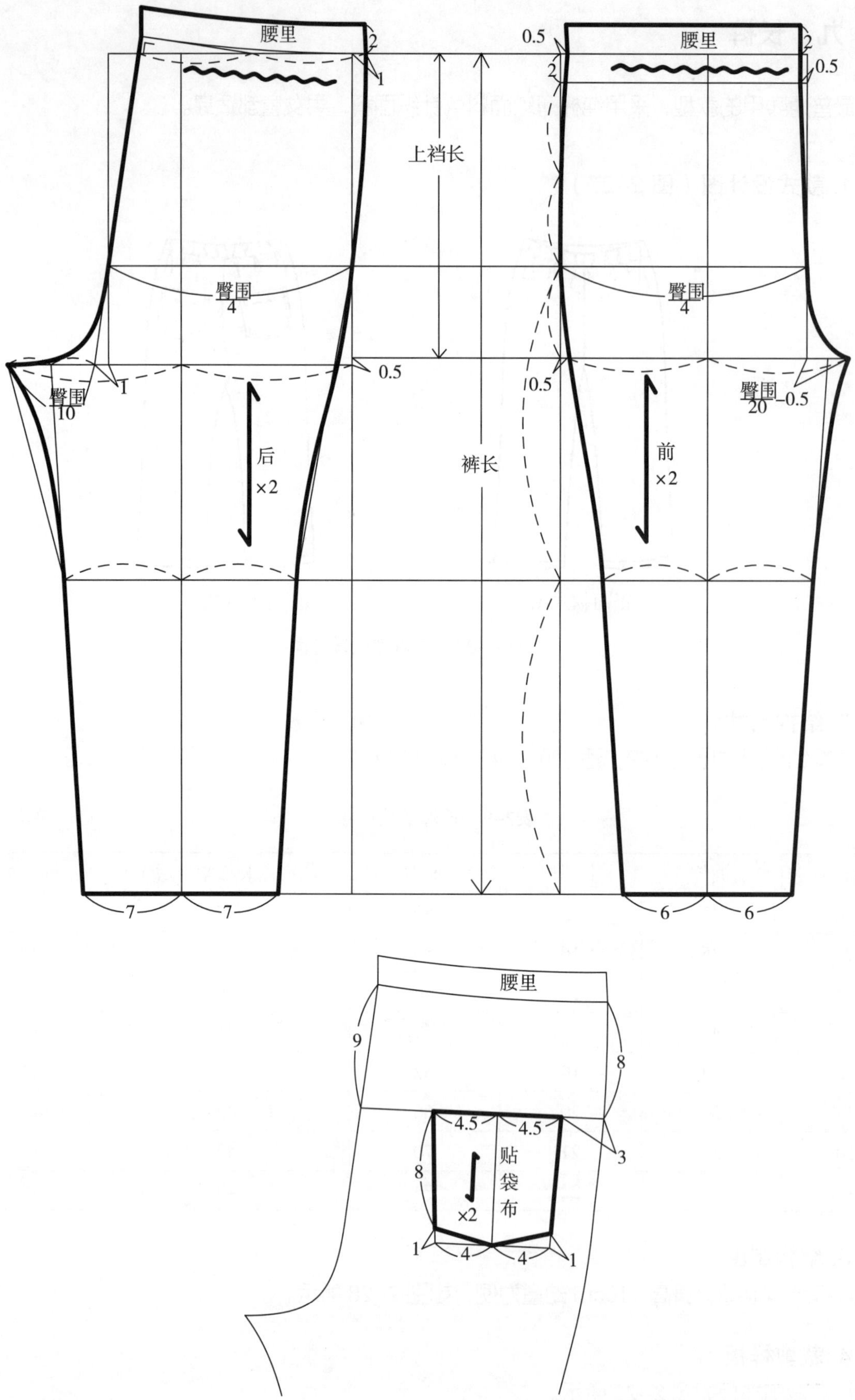

腰里
2
1
0.5
2
腰里
2
0.5
上裆长
臀围/4
臀围/4
0.5
1
臀围/10
0.5
臀围/20
0.5
后
×2
裤长
前
×2
7
7
6
6
腰里
9
8
4.5
4.5
3
8
贴袋布
×2
1
4
4
1

图2-28　长裤结构制图

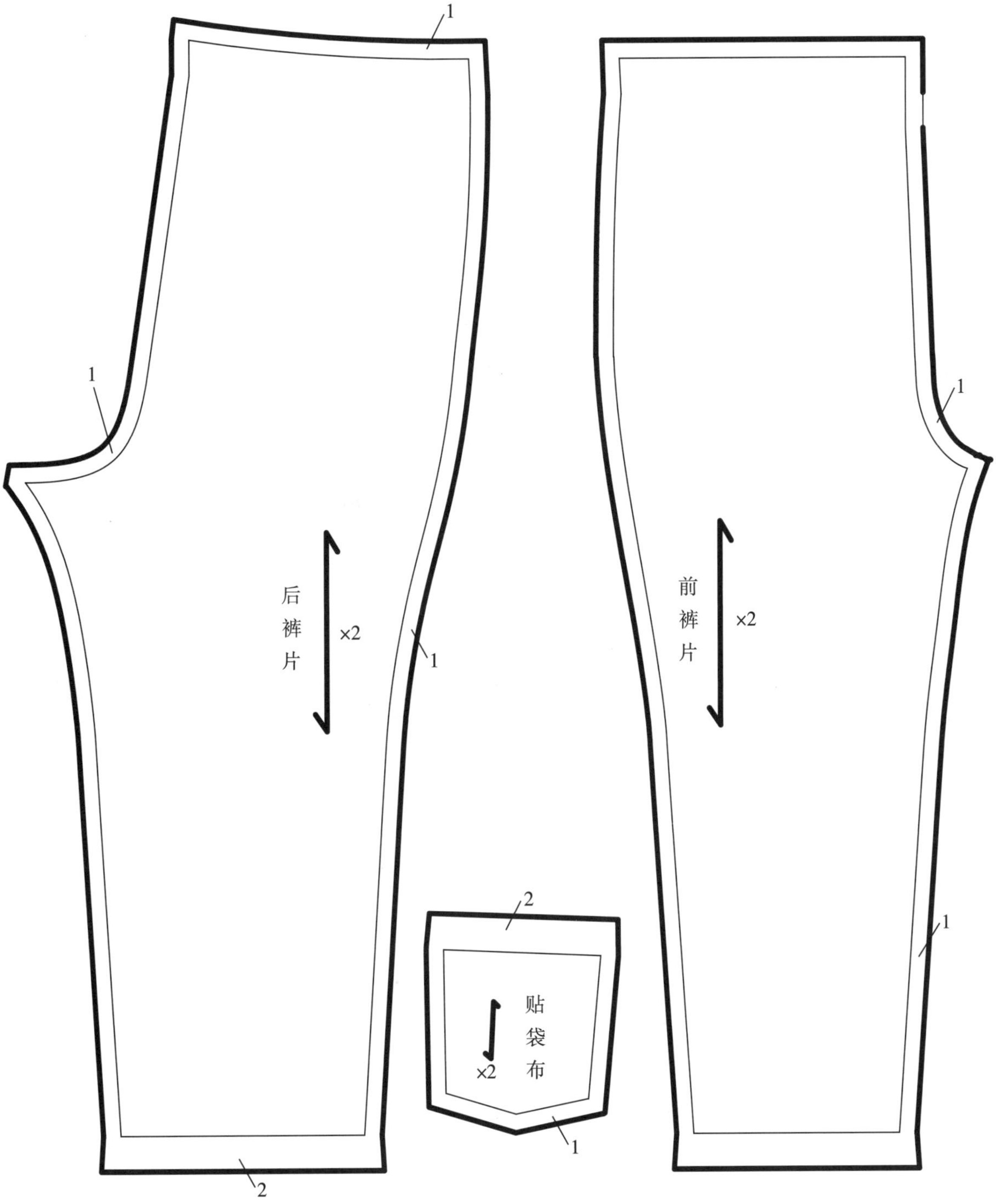

图2-29　长裤裁剪样板

裙装

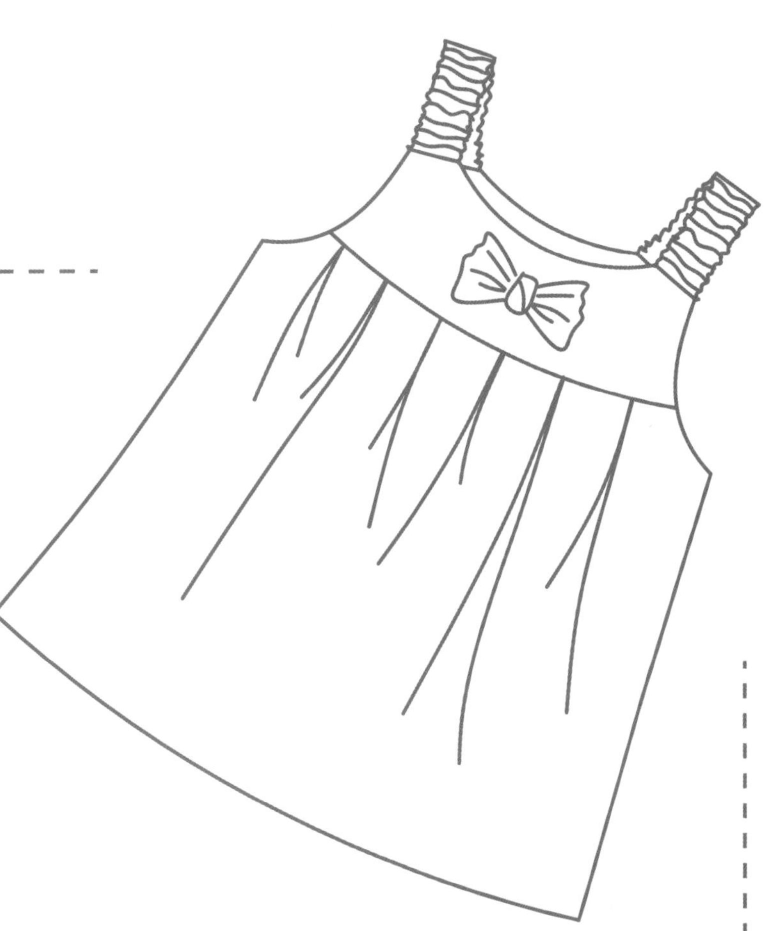

一、短节裙

二、吊带上衣裙

三、吊带长裙

四、无袖连衣裙

五、小飞袖连衣裙

六、长袖公主裙

教学目标： 1. 掌握婴幼童裙装的款式特点、穿着方式；

2. 掌握婴幼童裙装常用的面辅料；

3. 熟悉婴幼童各式裙装的规格尺寸；

4. 掌握婴幼童各式裙装的结构制图及样板制作。

教学重点： 1. 婴幼童裙装的款式设计；

2. 婴幼童裙装的结构制板。

教学方法： 1. 引入法：如引入婴幼童的生理特征讲述裙装的款式设计及结构特征；

2. 演示法：直接示范婴幼童裙装的款式绘制和结构制板；

3. 实践法：学生独立进行款式设计与结构制板。

一般 1 周岁以内的婴儿不适合穿裙子，尤其是五六个月至刚会走路这个年龄段的婴儿，他们在爬行时，裙摆容易绊住爬行的腿部，因此裙子一般合适 1 周岁后会走路的幼童穿着。幼童裙装款式如图 3–1、图 3–2 所示。

图3–1　婴幼童裙装款式图①

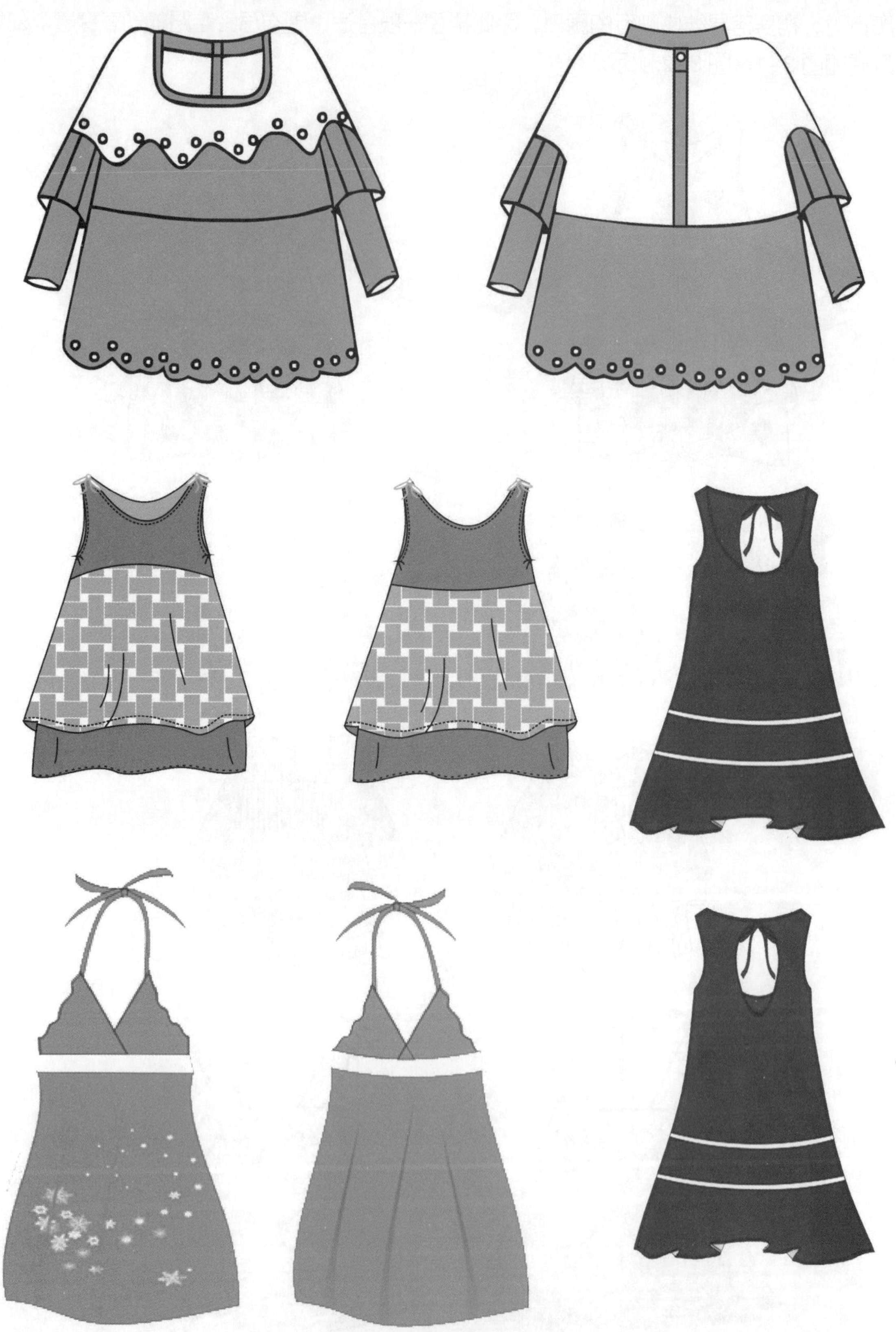

图3-1 婴幼童裙装款式图②

一、短节裙

此裙为半身节裙，一般采用机织纯棉或涤棉面料，腰部抽松紧。

1. 款式设计图（图 3–3）

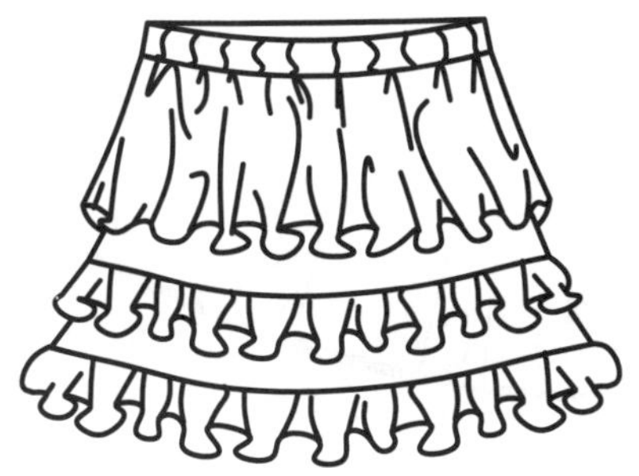

正面款式图

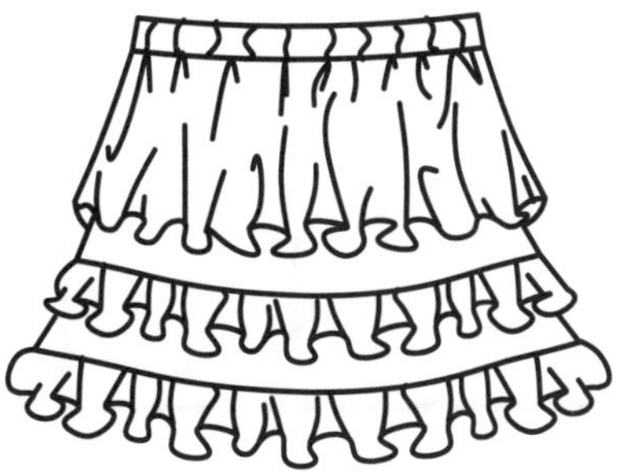

背面款式图

图3–3　短节裙款式设计图

2. 结构尺寸

短节裙结构尺寸见表 3–1，适合 1 ~ 4 岁幼童穿着。

表3–1　短节裙结构尺寸　　单位：cm

身高	裙长	腰围（装松紧带后）
80	25	44
90	28	46
100	31	48
110	34	50

3. 结构制图

短节裙结构制图以身高 90cm 幼童为例，如图 3–4 所示。

4. 裁剪样板

短节裙裁剪样板如图 3–5 所示。

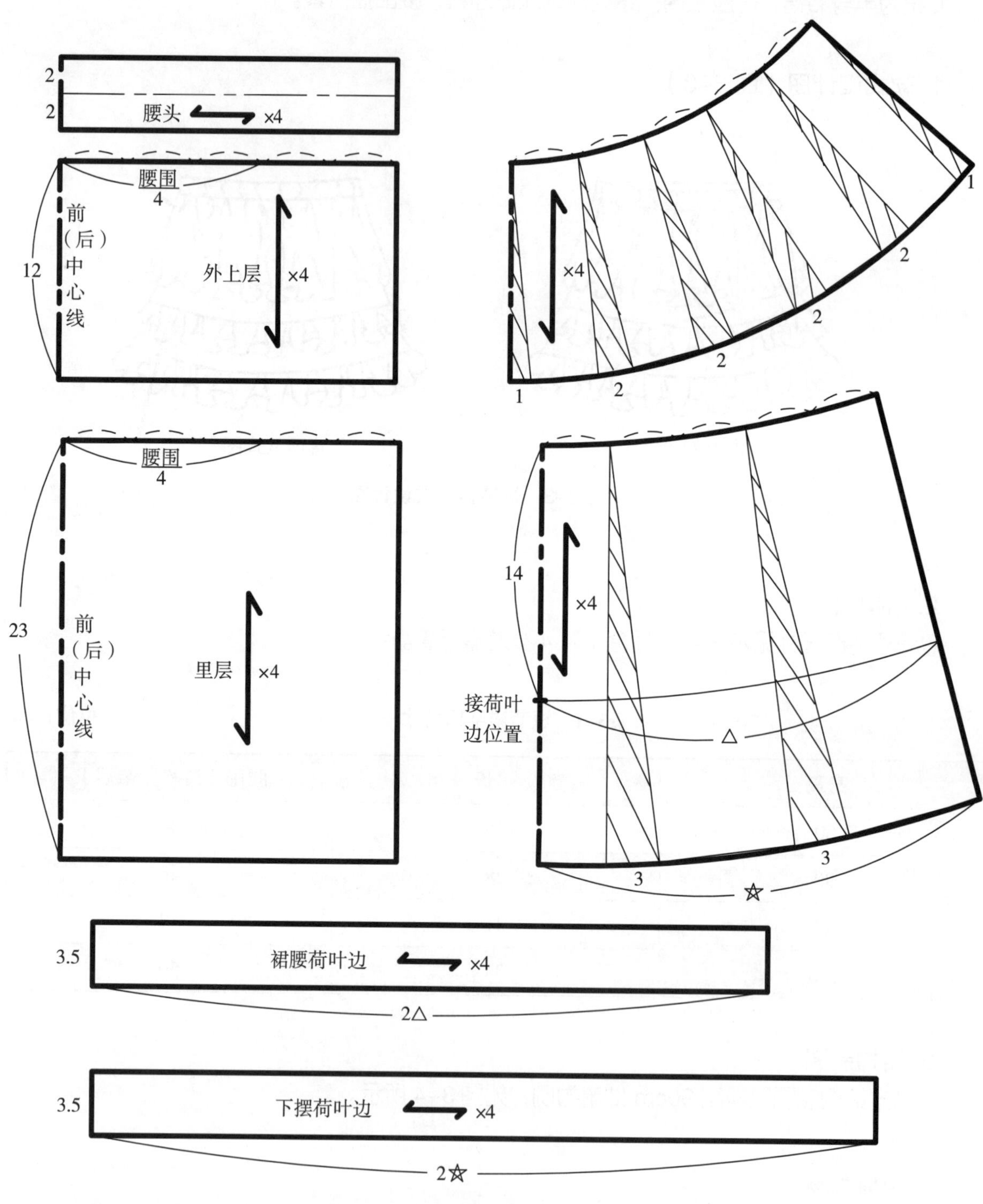

2
2
腰头 ×4
腰围
4
12
前（后）中心线
外上层 ×4
×4
1
2
2
2
2
1
腰围
4
23
前（后）中心线
里层 ×4
14
×4
接荷叶边位置
△
3
3
☆
3.5
裙腰荷叶边 ×4
2△
3.5
下摆荷叶边 ×4
2☆

图3-4　短节裙结构制图

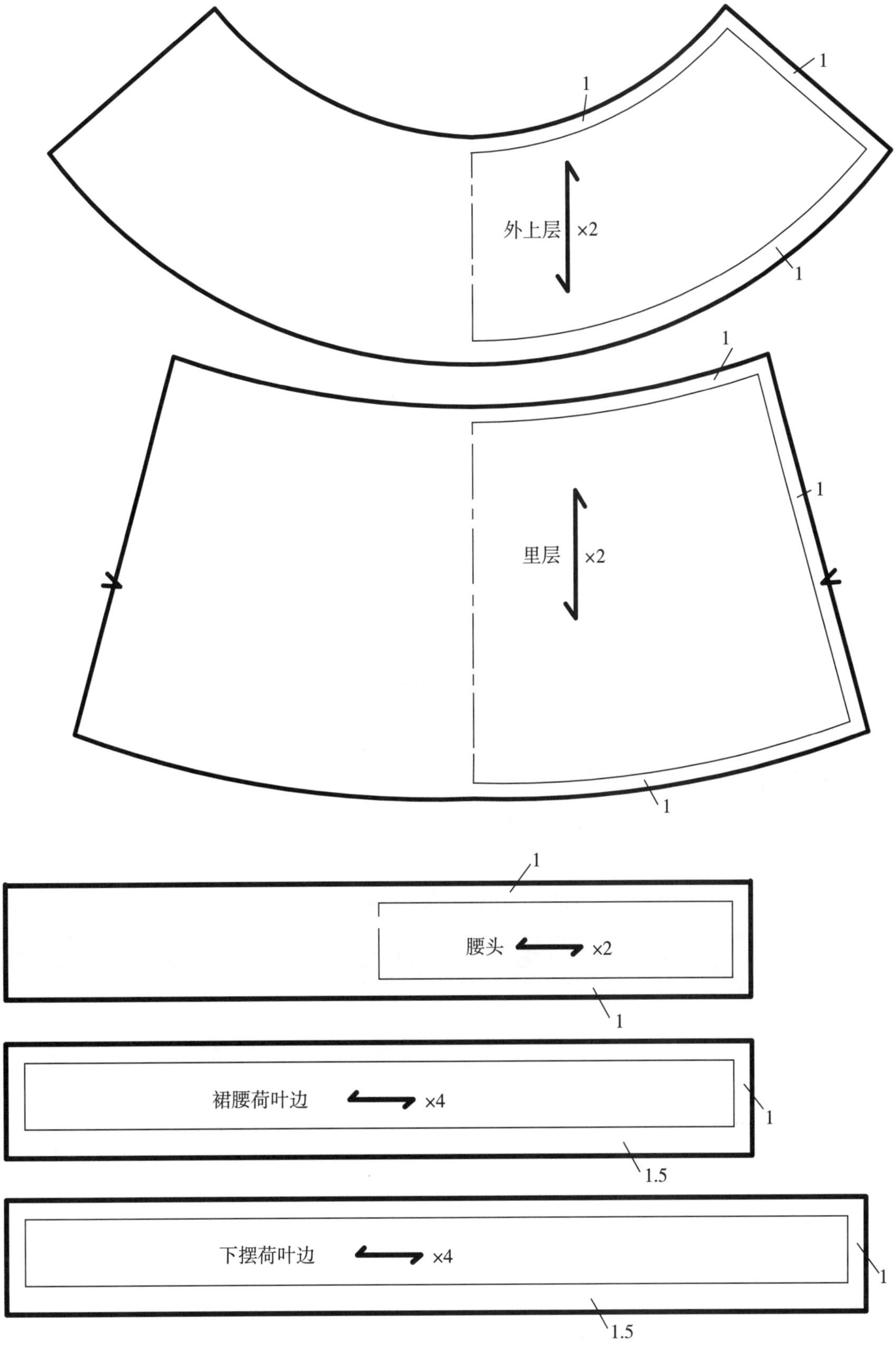

图3–5　短节裙裁剪样板

二、吊带上衣裙

前胸片和后背片采用双层面料，里布一般为容易吸汗的纯棉针织布或机织细平布。肩部装松紧带抽褶，前胸蝴蝶结装饰，下摆较宽。孩子长高后也可作为上衣穿着。

1. 款式设计图（图 3-6）

图3-6 吊带上衣裙款式设计图

2. 结构尺寸

吊带上衣结构尺寸见表 3-2，适合 1 ~ 4 岁幼童穿着。

表3-2 吊带上衣裙结构尺寸 单位：cm

身高	裙总长	胸围	前领深	前（后）领宽	后领深
80	40	58	8	6	7
90	45	62	8.5	6.5	7.5
100	50	66	9	7	8
110	55	70	9.5	7.5	8.5

3. 结构制图

吊带上衣裙结构制图以身高 100cm 幼童为例，如图 3-7、图 3-8 所示。

4. 裁剪样板

吊带上衣裙裁剪样板如图 3-9、图 3-10 所示。

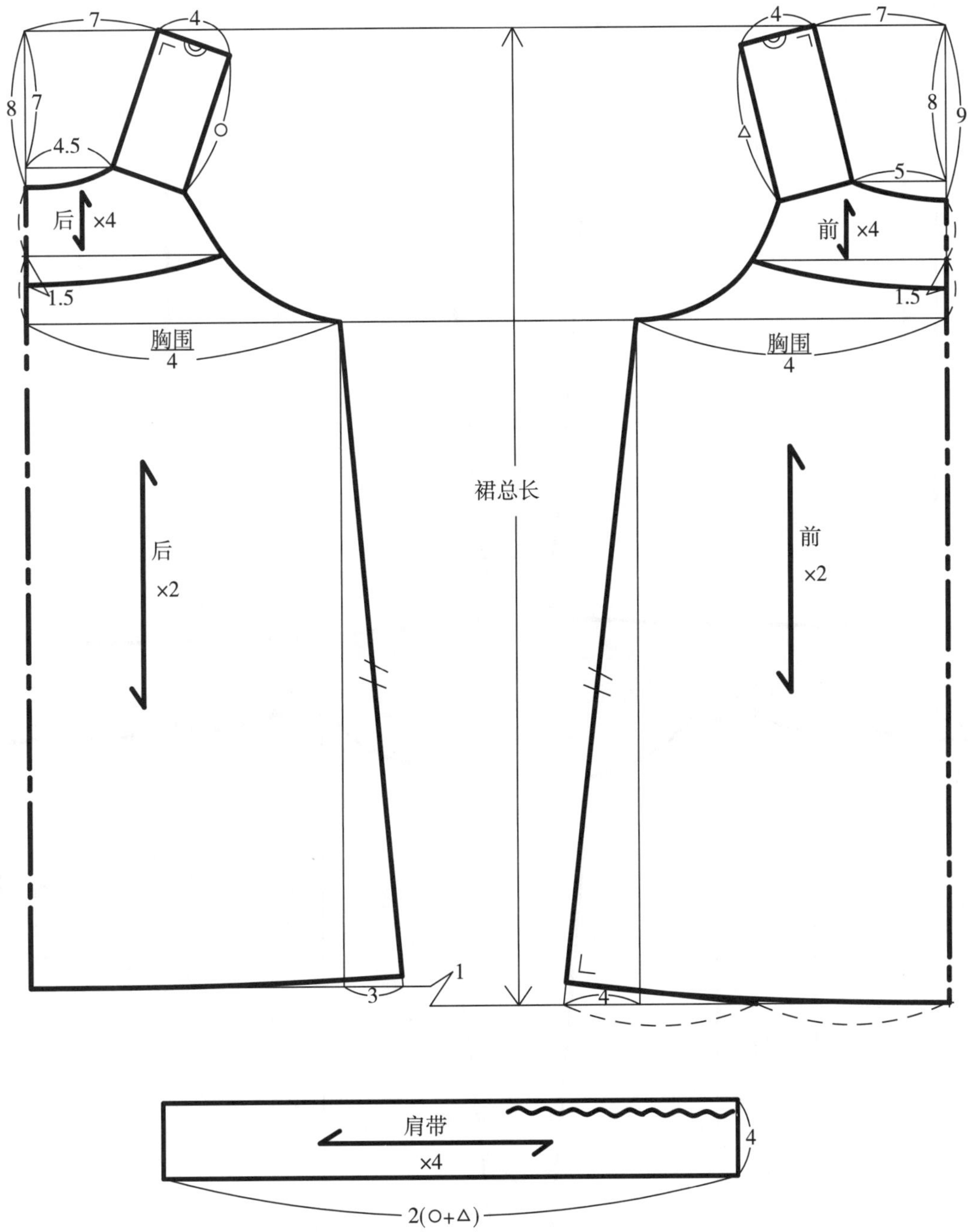

图3-7　吊带上衣裙结构制图

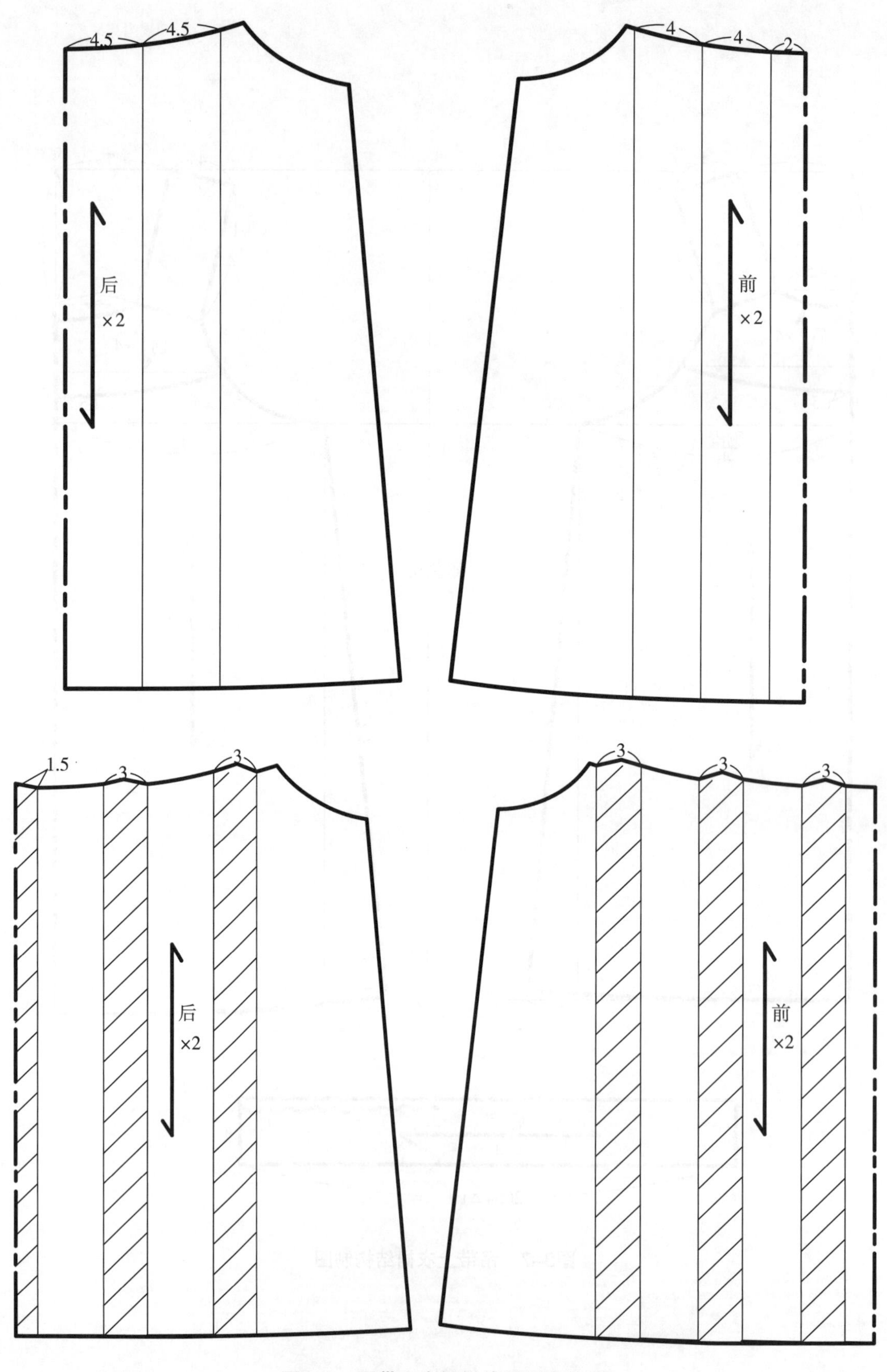

图3-8 吊带上衣裙裙片展开变化图

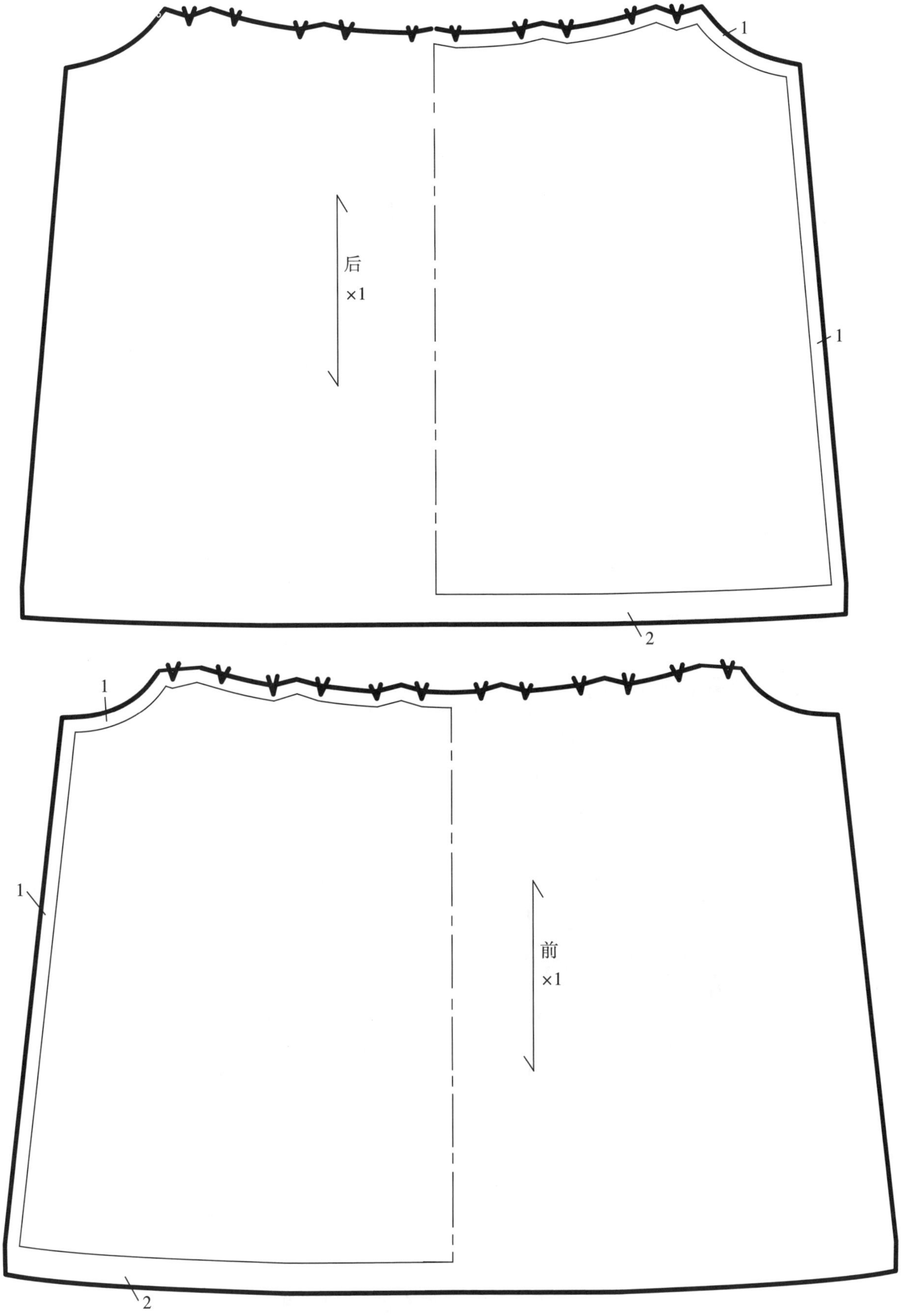

图3–9　吊带上衣裙裙片裁剪样板

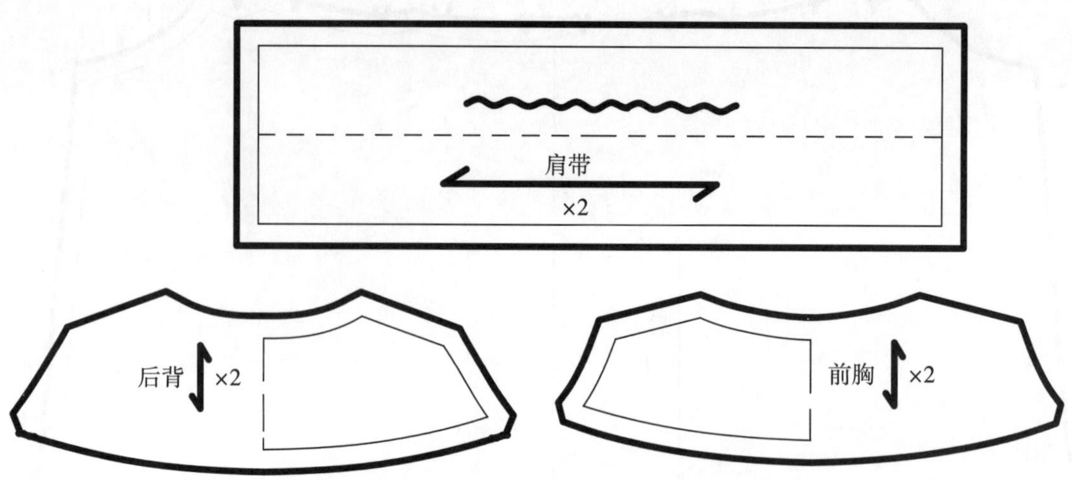

图3-10 吊带上衣裙肩带、后背、前胸裁剪样板

三、吊带长裙

采用不同面料拼接搭配。

1. 款式设计图（图 3-11）

图3-11 吊带长裙款式设计图

2. 结构尺寸

吊带长裙结构尺寸见表 3–3，适合 1 ～ 4 岁幼童穿着。

表3–3　吊带长裙结构尺寸　　单位：cm

身高	裙长	腰节长	胸围	领宽	前领深	后领深
80	45	18	52	5	3	1.5
90	51	20	56	5.5	3.5	1.5
100	57	22	60	6	4	2
110	63	24	64	6.5	4.5	2

3. 结构制图

吊带长裙结构制图以身高 100cm 幼童为例，如图 3–12、图 3–13 所示。

4. 裁剪样板

吊带长裙裁剪样板如图 3–14、图 3–15 所示。

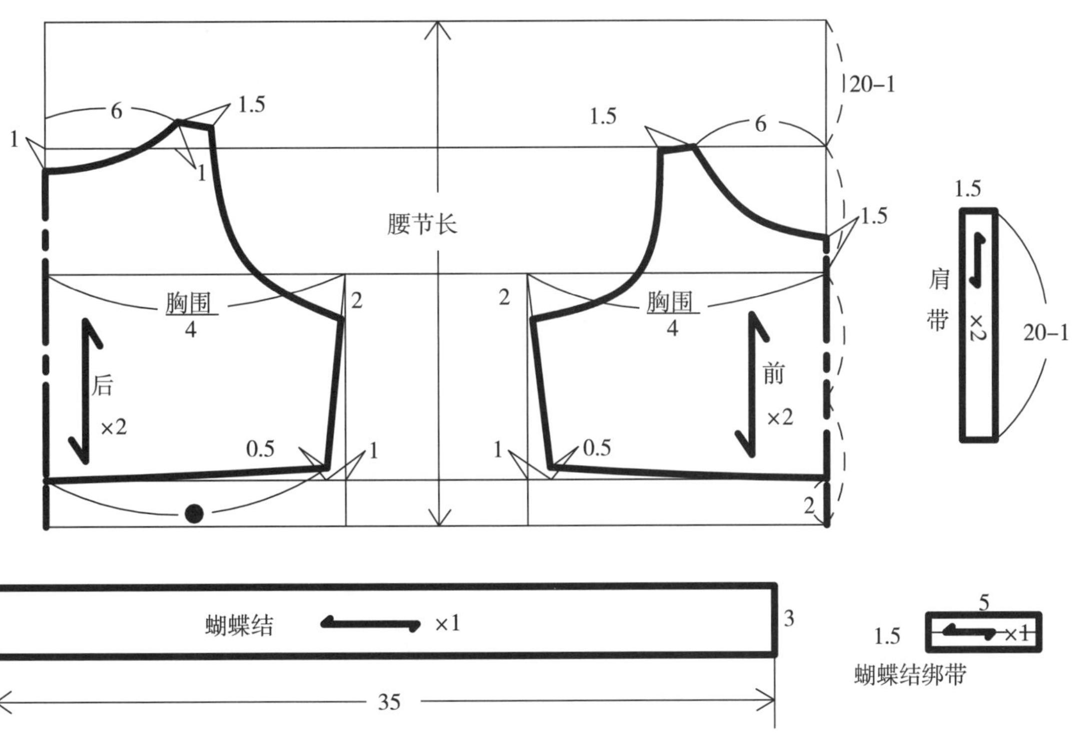

图3–12　吊带长裙衣身、蝴蝶结、肩带结构制图

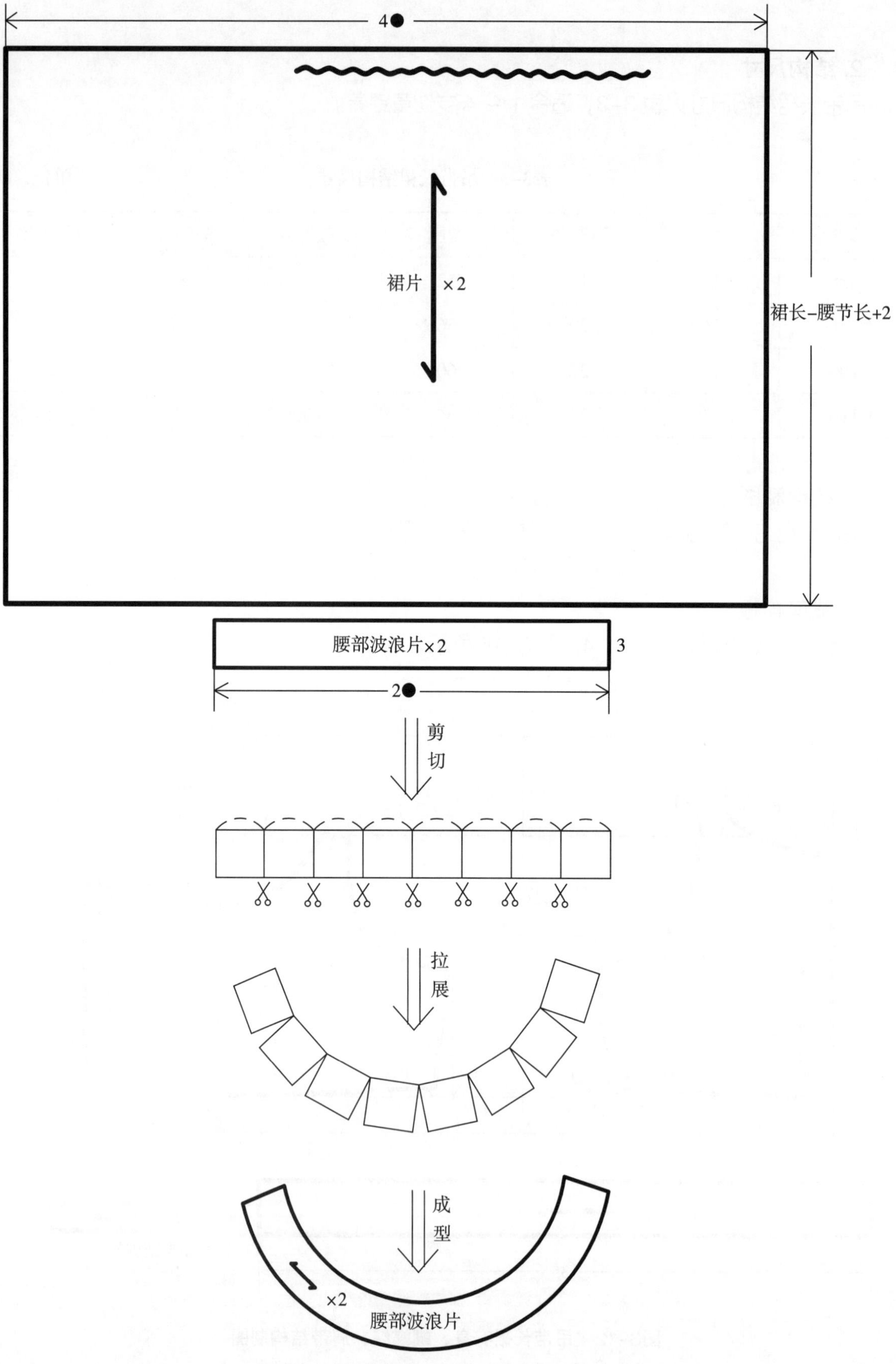

图3-13　吊带长裙裙片、腰部波浪片结构制图

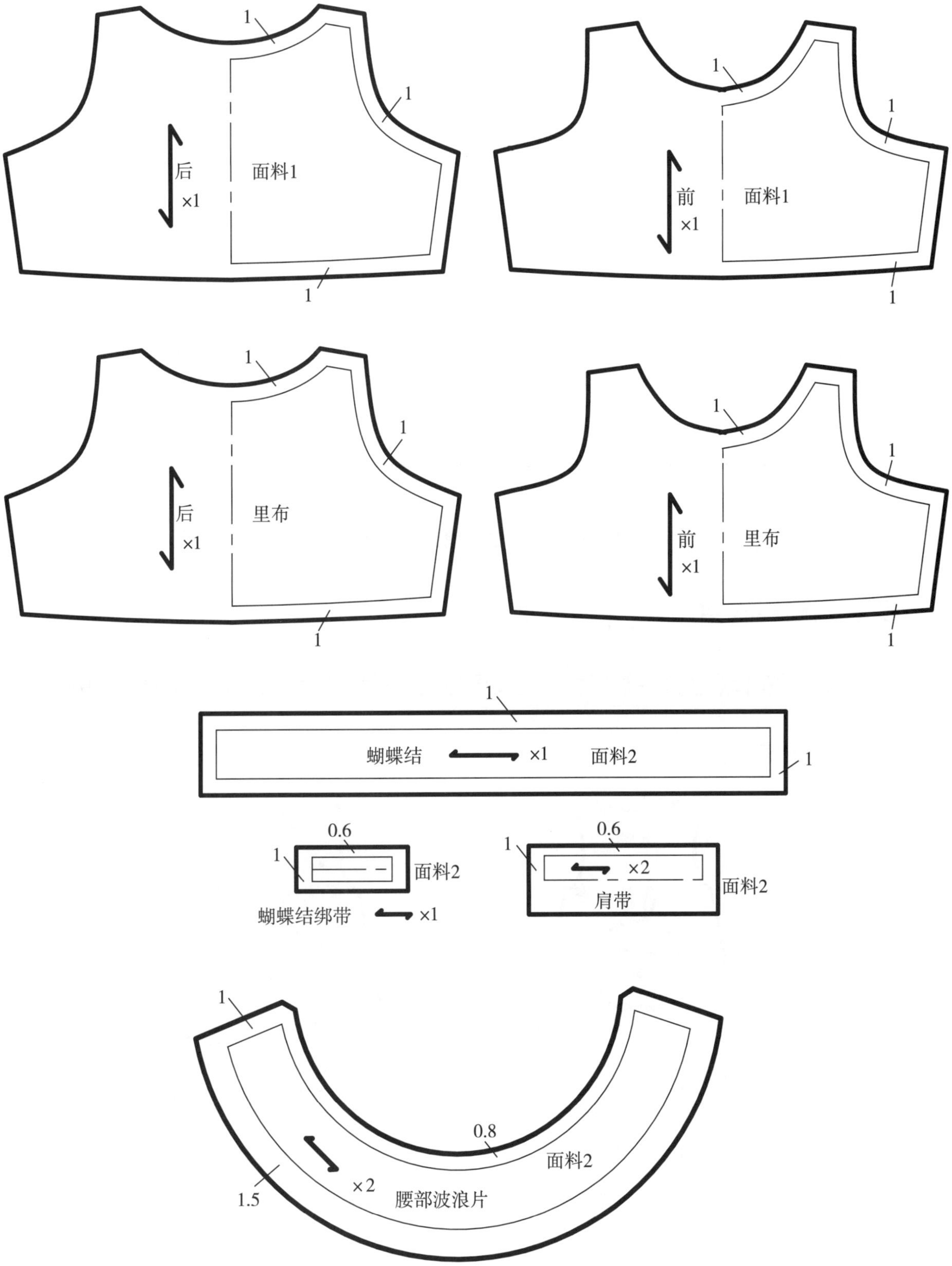

1 1 后 ×1 面料1 1
1 1 前 ×1 面料1 1

1 1 后 ×1 里布 1
1 1 前 ×1 里布 1

1 蝴蝶结 ×1 面料2 1

0.6 1 面料2 蝴蝶结绑带 ×1
0.6 1 ×2 肩带 面料2

1 0.8 面料2 1.5 ×2 腰部波浪片

图3-14 吊带长裙衣片、蝴蝶结、肩带、腰部波浪片裁剪样板

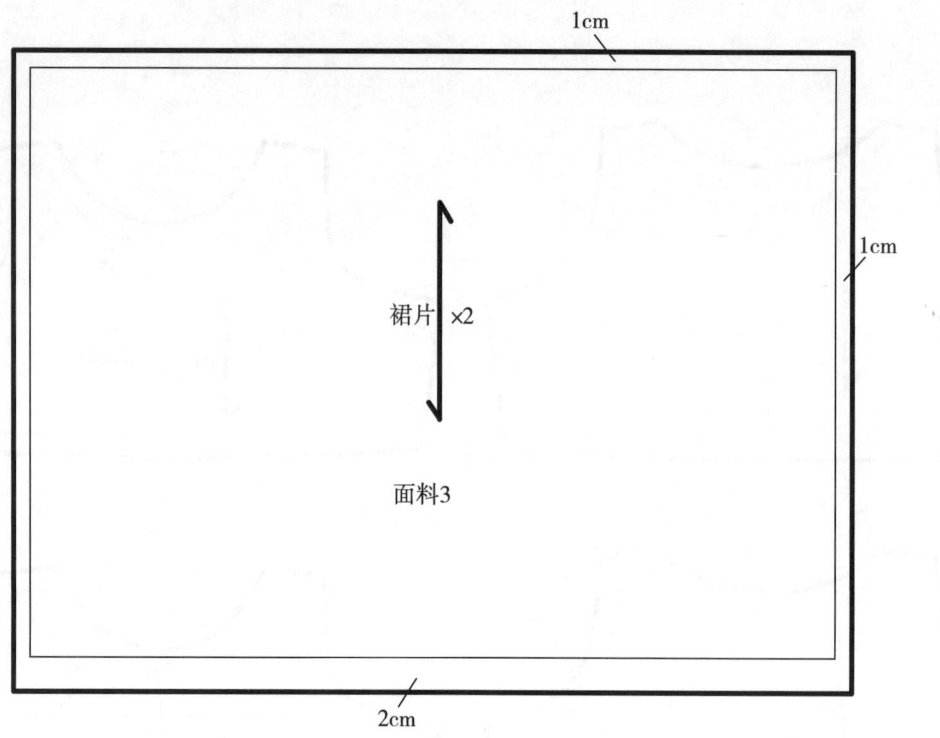

图3-15 吊带长裙裙片裁剪样板

四、无袖连衣裙

多采用纯棉印花针织面料，款式活泼简洁，无袖，宽下摆，下摆荷叶边，夏季穿着宽松舒适。

1. 款式设计图（图 3-16）

图3-16 无袖连衣裙款式设计图

2. 结构尺寸表

无袖连衣裙结构尺寸见表 3-4，适合 1 ～ 4 岁幼童穿着。

表3-4　无袖连衣裙结构尺寸　　单位：cm

身高	裙总长	胸围	领围	肩宽	袖窿深
80	41	58	31	23.5	12.5
90	46	62	32	25	13
100	51	66	33	26.5	13.5
110	56	70	34	28	14

3. 结构制图

无袖连衣裙结构制图以身高 100cm 幼童为例，如图 3–17 所示。

4. 裁剪样板

无袖连衣裙裁剪样板如图 3–18 所示。

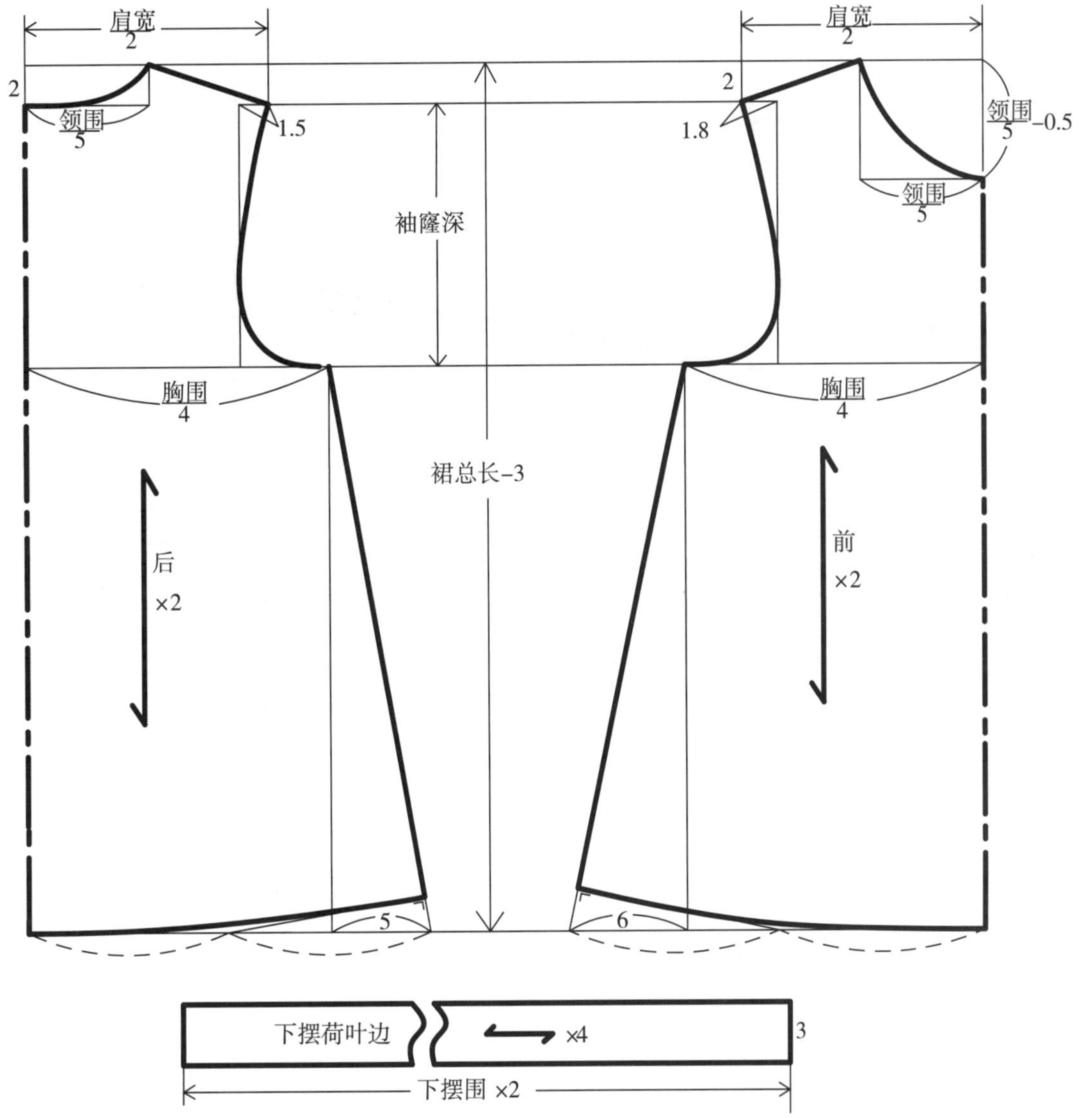

图3–17　无袖连衣裙结构制图

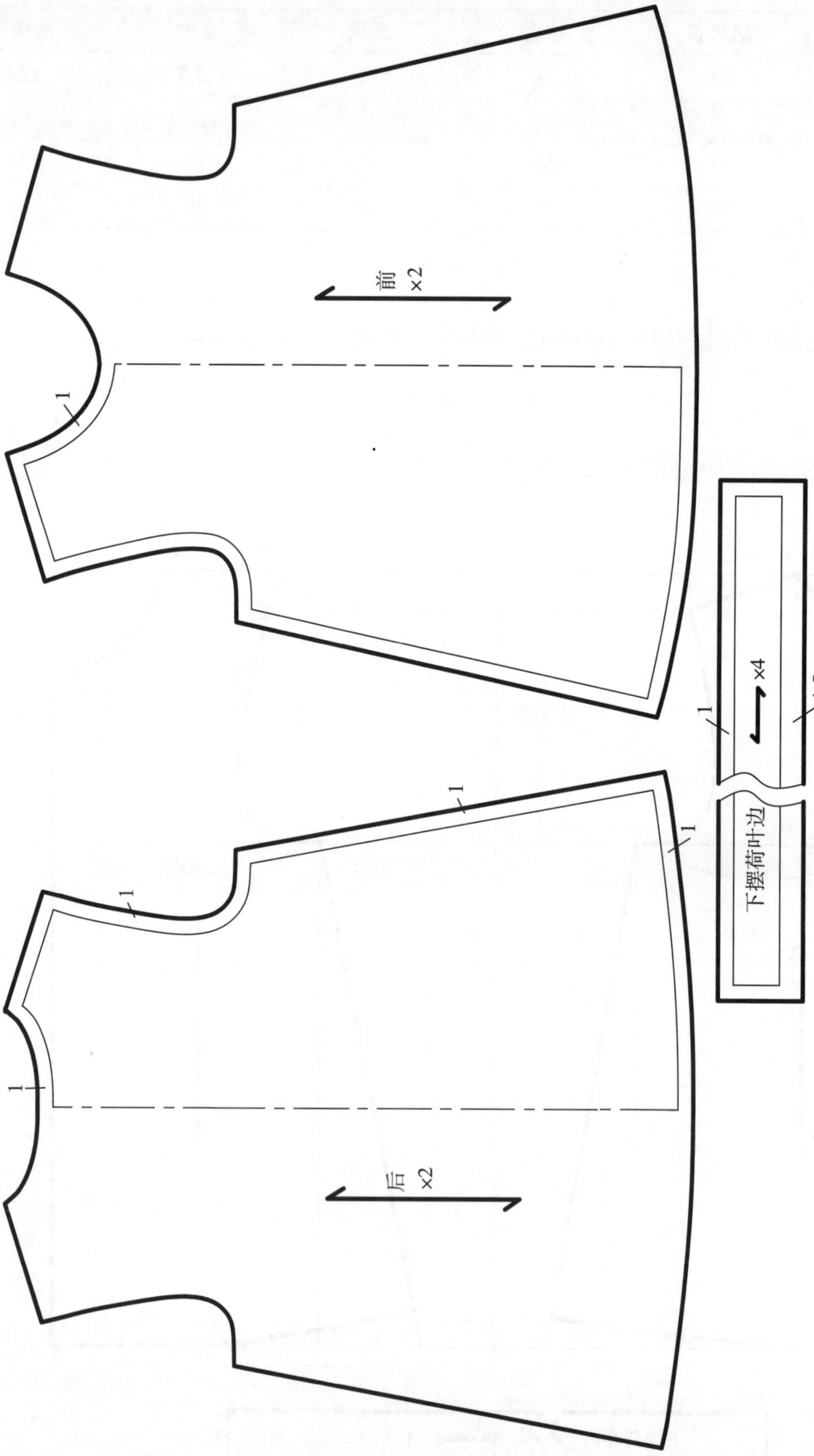

前 ×2

后 ×2

下摆荷叶边 ×4

图3-18　无袖连衣裙裁剪样板

五、小飞袖连衣裙

女童喜爱的款式，领圈包边，小飞袖，胸前饰蝴蝶结，裙身抽褶，宽下摆。

1. 款式设计图（图 3–19）

图3–19　小飞袖连衣裙款式设计图

2. 结构尺寸

小飞袖连衣裙结构尺寸见表 3–5，适合 1 ~ 4 岁幼童穿着。

表3–5　小飞袖连衣裙结构尺寸　　单位：cm

身高	裙总长	胸围	领围	肩宽	袖窿深	袖长
80	42	58	32	24	12	7
90	47	62	33	25.5	12．5	7.5
100	52	66	34	27	13	8
110	57	70	35	28.5	13.5	8.5

3. 结构制图

小飞袖连衣裙结构制图以身高 100cm 幼童为例，如图 3–20、图 3–21 所示。

4. 裁剪样板

小飞袖连衣裙裁剪样板如图 3–22、图 3–23 所示。

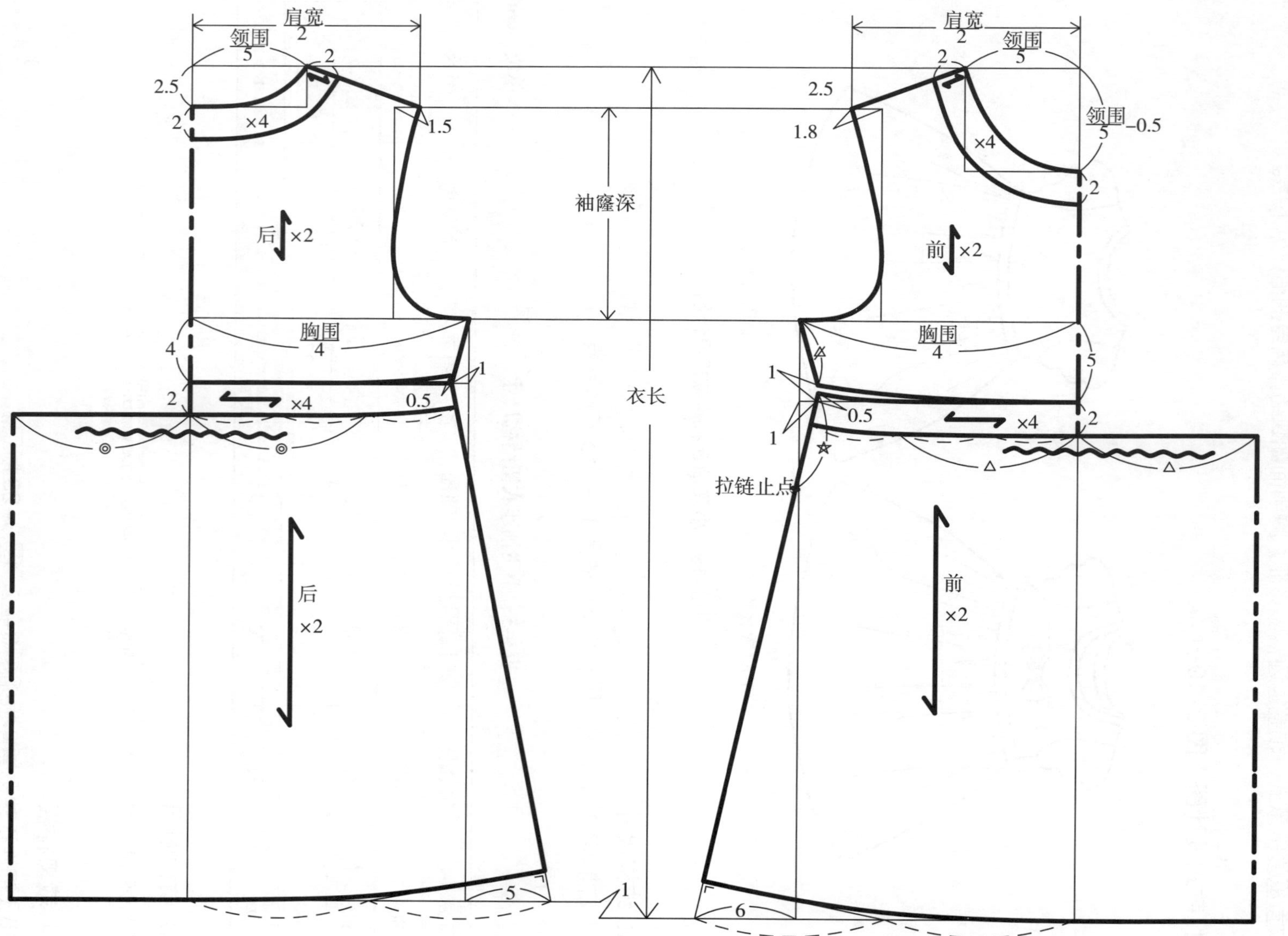

图3-20 小飞袖连衣裙衣片、裙片结构制图

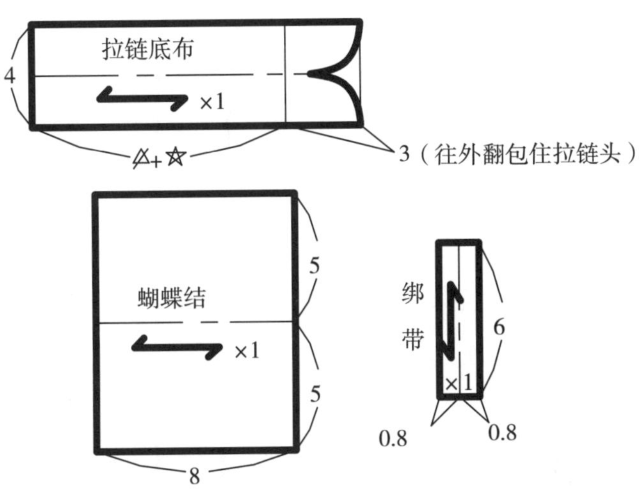

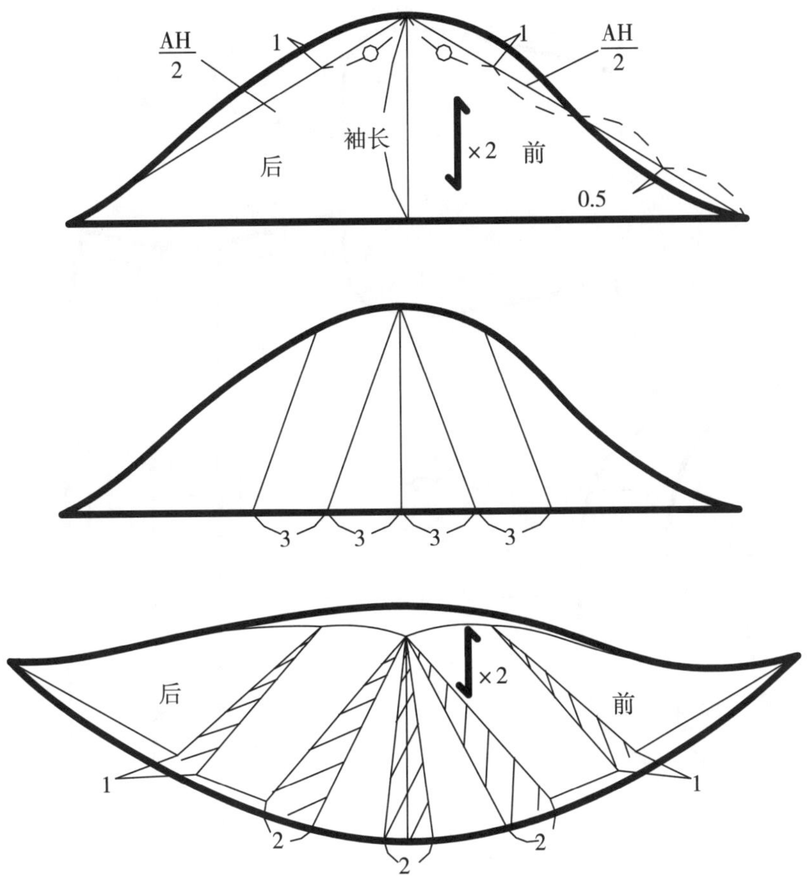

图3-21　小飞袖连衣裙拉链底布、蝴蝶结、袖片结构制图

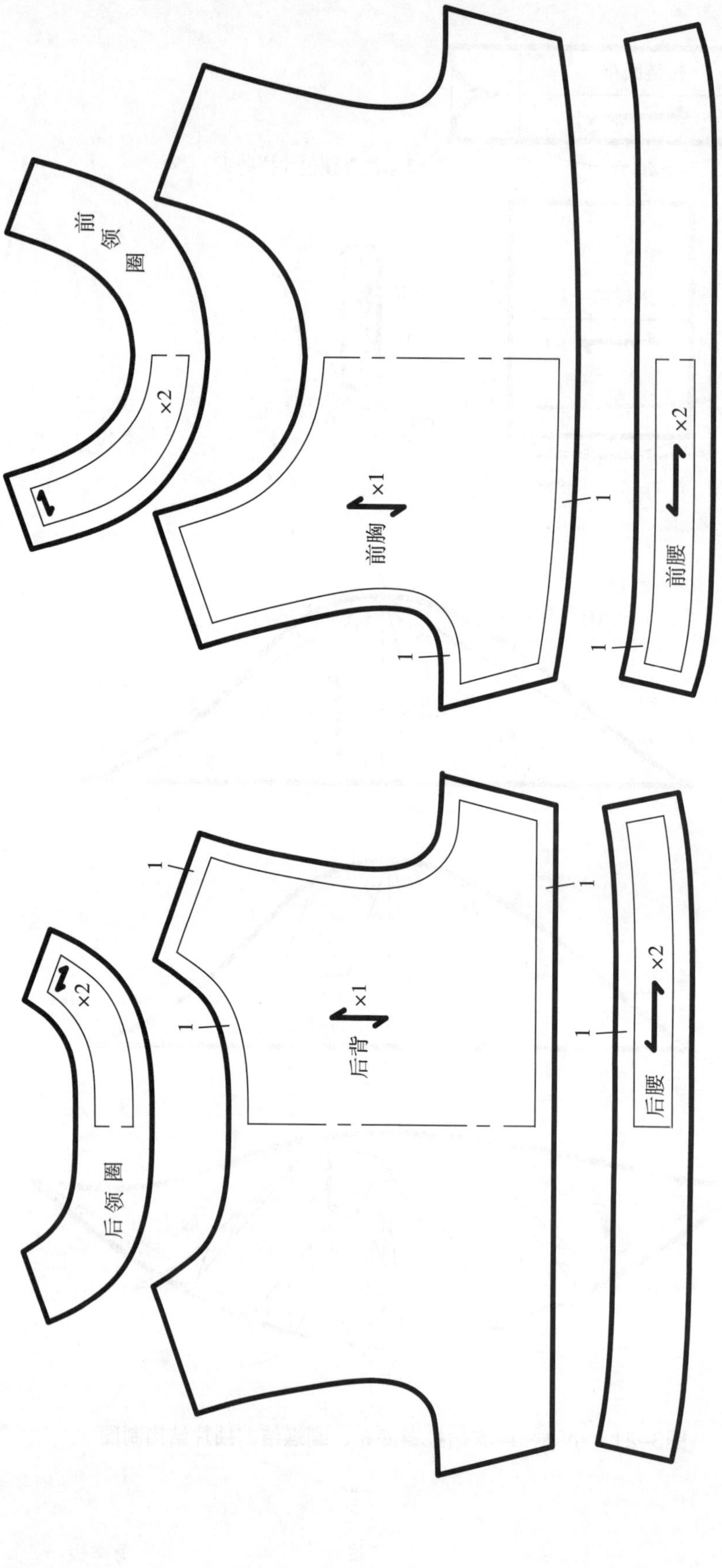

图3-22　小飞袖连衣裙领圈、衣片、腰片裁剪样板

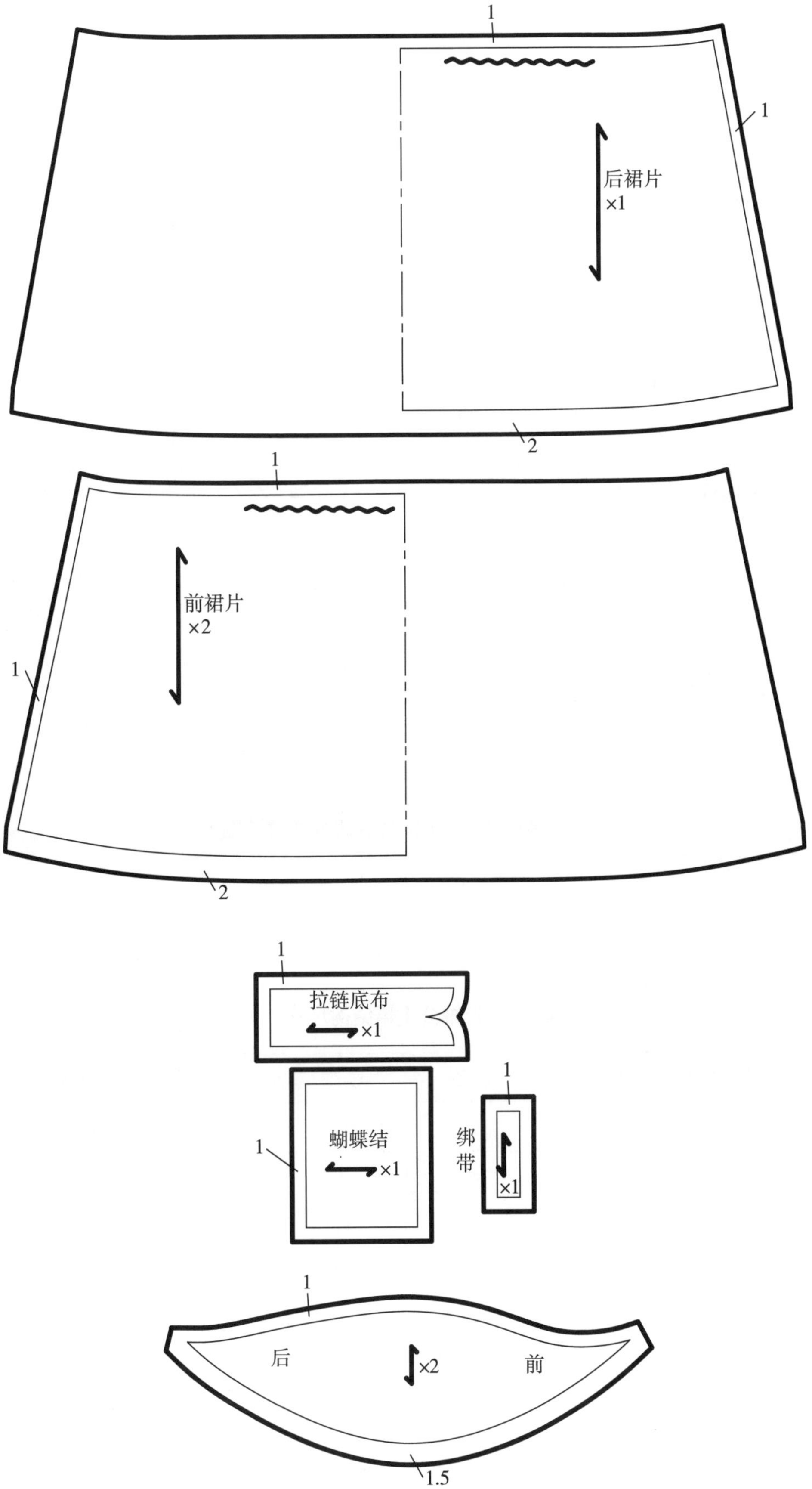

1
1
后裙片
×1
2

1
前裙片
×2
1
2

1
拉链底布
×1

1
蝴蝶结
×1
1
绑带
×1

1
后
×2
前
1.5

图3–23　小飞袖连衣裙裙片、拉链底布、蝴蝶结、袖片裁剪样板

六、长袖公主裙

采用绸缎面料或者纯棉灯芯绒面料、刺绣网纱面料、丝带、花边等拼接。衣身部分全身加里料，袖子单层面料，袖口抽褶加花边。裙身厚实宽大，腰间加蝴蝶结。前胸装饰花边、纽扣等，后背开口。

1. 款式设计图（图 3-24）

正面款式图　　背面款式图

图3-24　长袖公主裙款式设计图

2. 结构尺寸

长袖公主裙结构尺寸见表 3-6，适合 1 ~ 4 岁幼童穿着。

表3-6　长袖公主裙结构尺寸　　单位：cm

身高	裙总长	腰节长	胸围	领围	肩宽	袖窿深	袖长
80	45	20	58	29	24.5	11	27
90	52	22	62	30	26	12	30
100	59	24	66	31	27.5	13	33
110	66	26	70	32	29	14	36

3. 结构制图

长袖公主裙结构制图以身高 110cm 幼童为例，如图 3-25 ~ 图 3-28 所示。

4. 裁剪样板

长袖公主裙裁剪样板如图 3-29、图 3-30 所示。

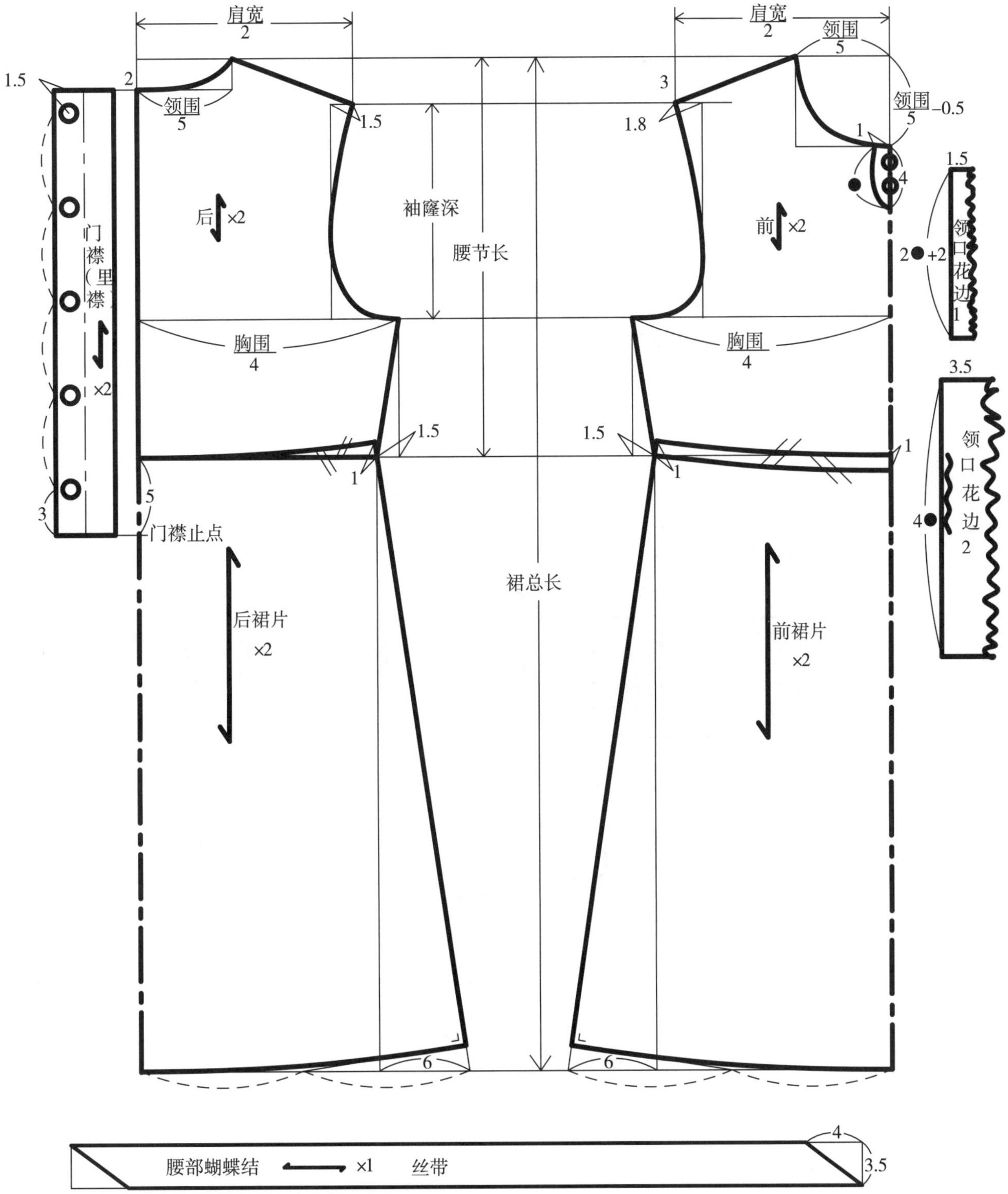

肩宽/2
领围/5
1.5
2
3
1.8
领围/5 −0.5
1
4
后 ×2
前 ×2
袖窿深
腰节长
门襟（里襟）×2
胸围/4
2● +2
领口花边1
3.5
领口花边2
4●
1.5
1
5
门襟止点
裙总长
后裙片 ×2
前裙片 ×2
6
腰部蝴蝶结 ×1 丝带
4
3.5

图3–25　长袖公主裙衣片、裙片整体结构制图

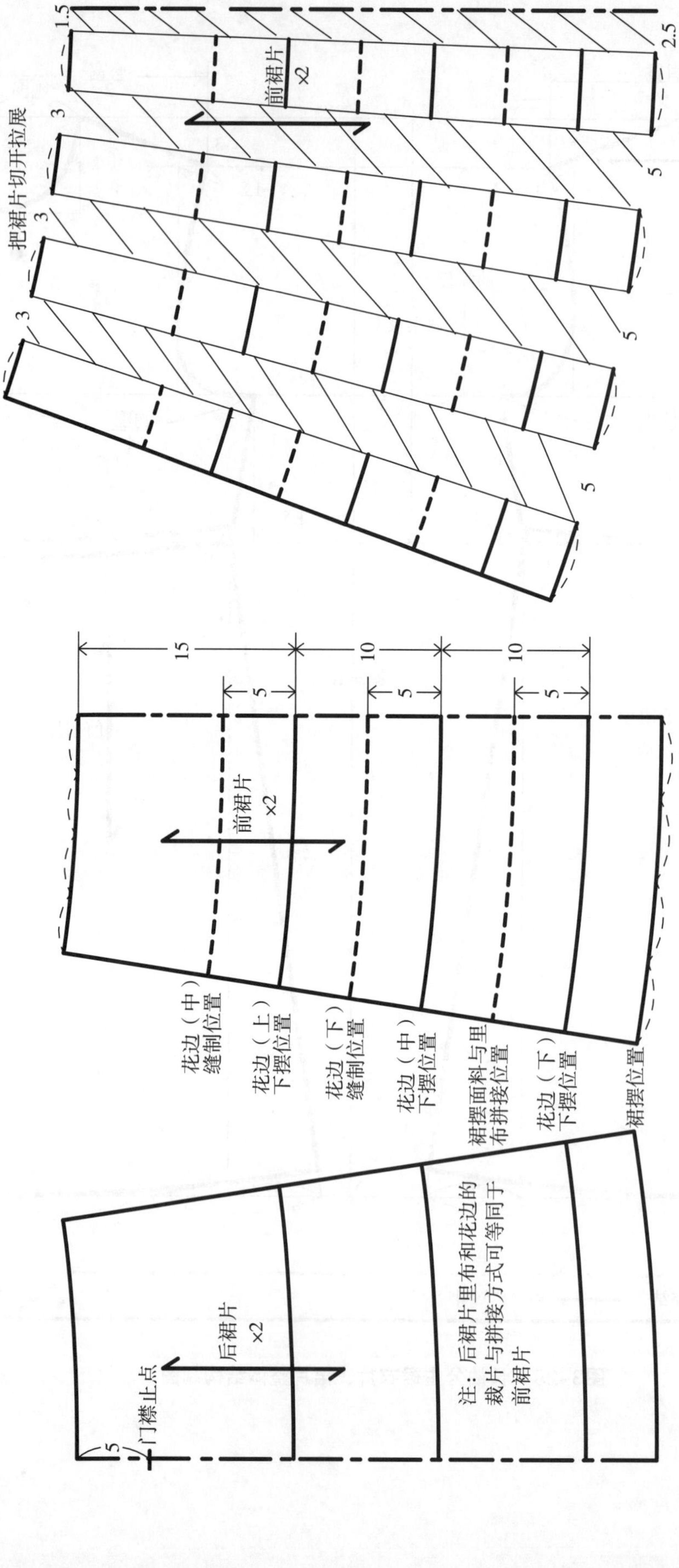

5
门襟止点
后裙片
×2
注：后裙片里布和花边的裁片与拼接方式可等同于前裙片

花边（中）缝制位置
花边（上）下摆位置
花边（下）缝制位置
花边（中）下摆位置
裙摆面料与里布拼接位置
花边（下）下摆位置
裙摆位置
前裙片
×2
15
5
10
5
10
5

把裙片切开拉展
3
3
3
1.5
前裙片
×2
5
5
5
2.5

图3–26　长袖公主裙裙片拼接、展开结构示意图

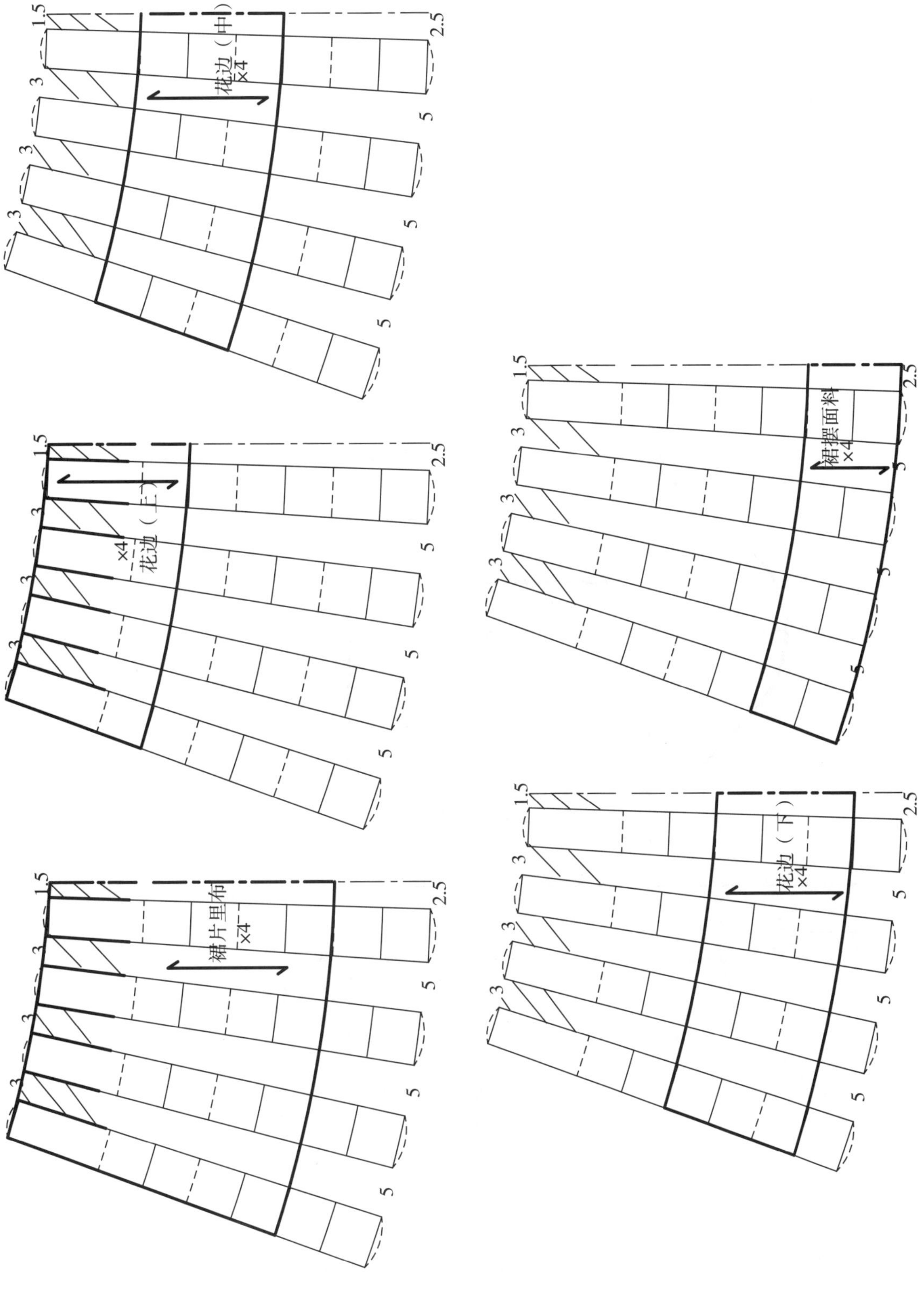

图3-27　长袖公主裙裙片位置图

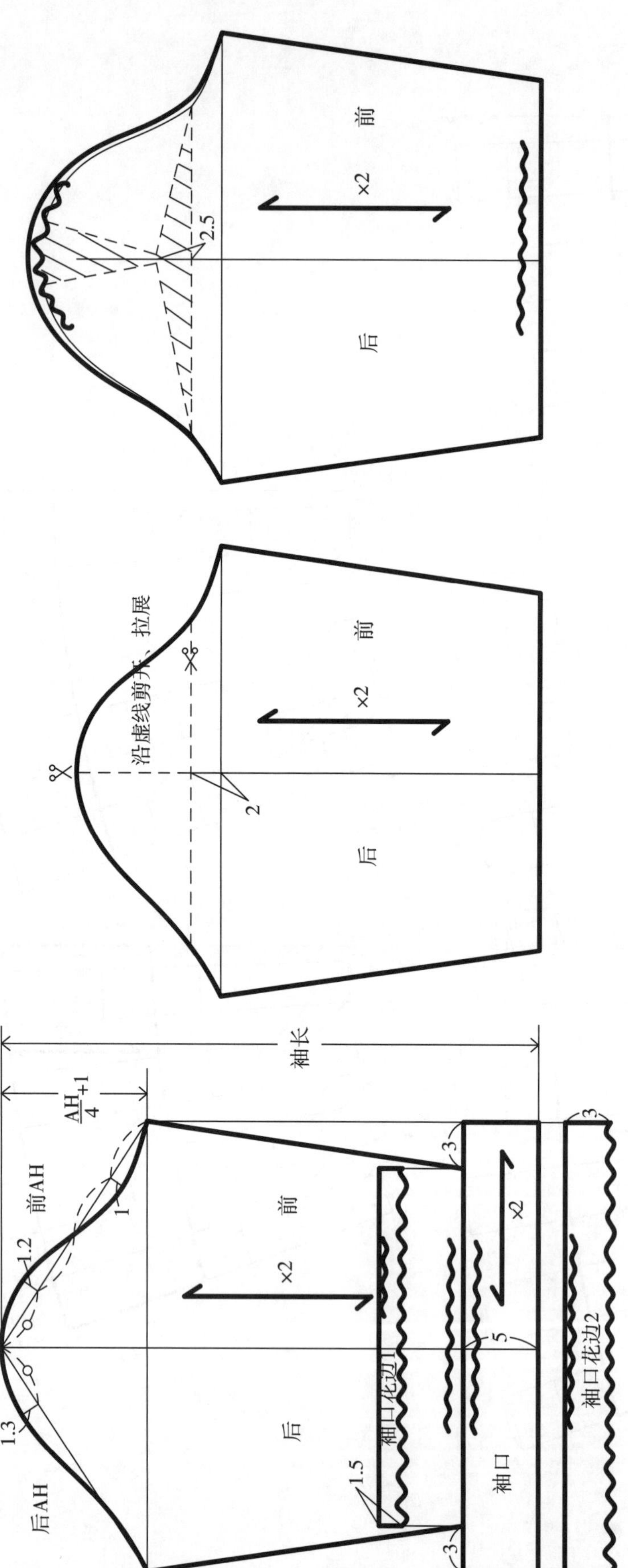

图3-28　长袖公主裙袖子结构制图

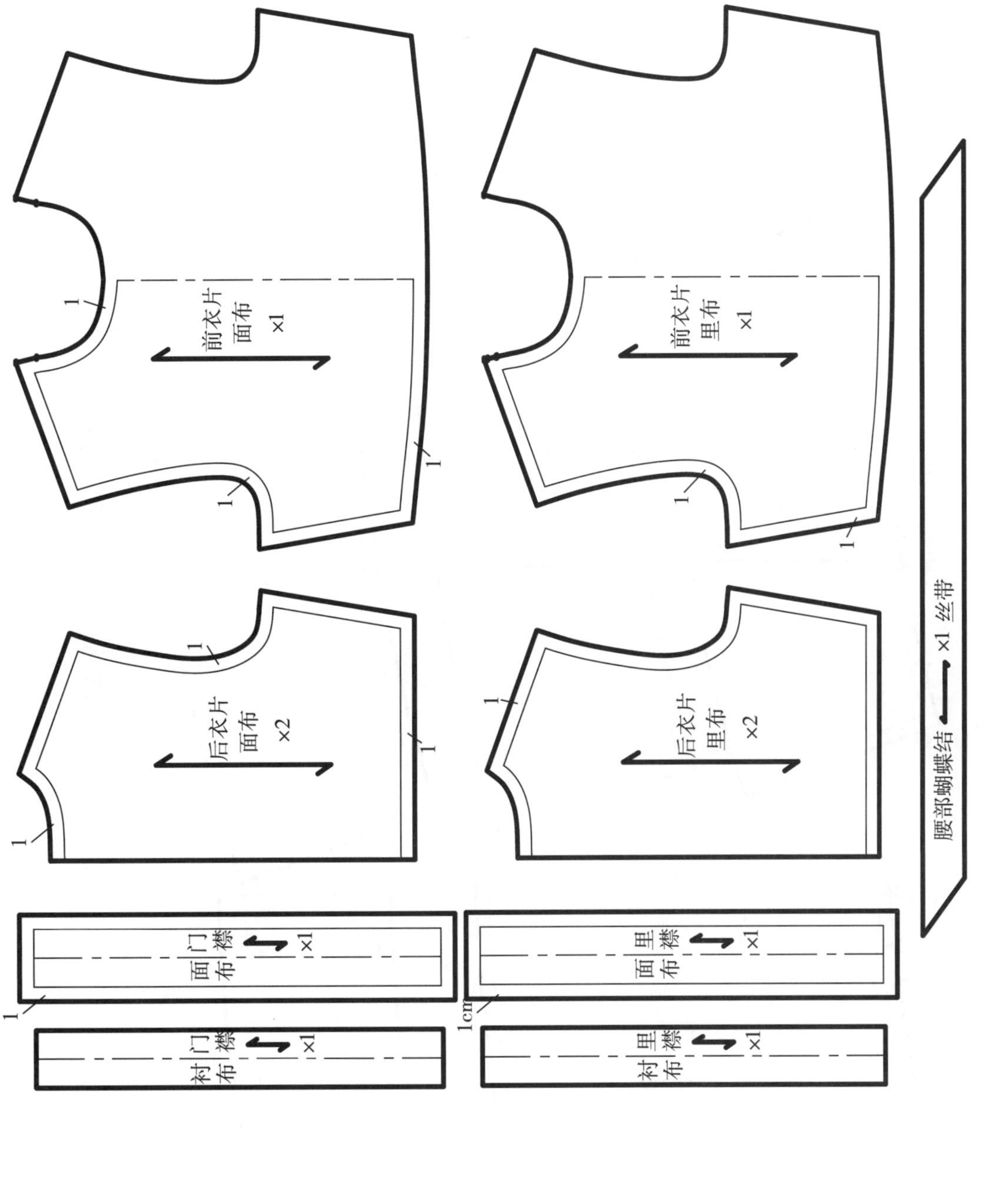

图3-29 长袖公主裙门襟、衣片、蝴蝶结裁剪样板

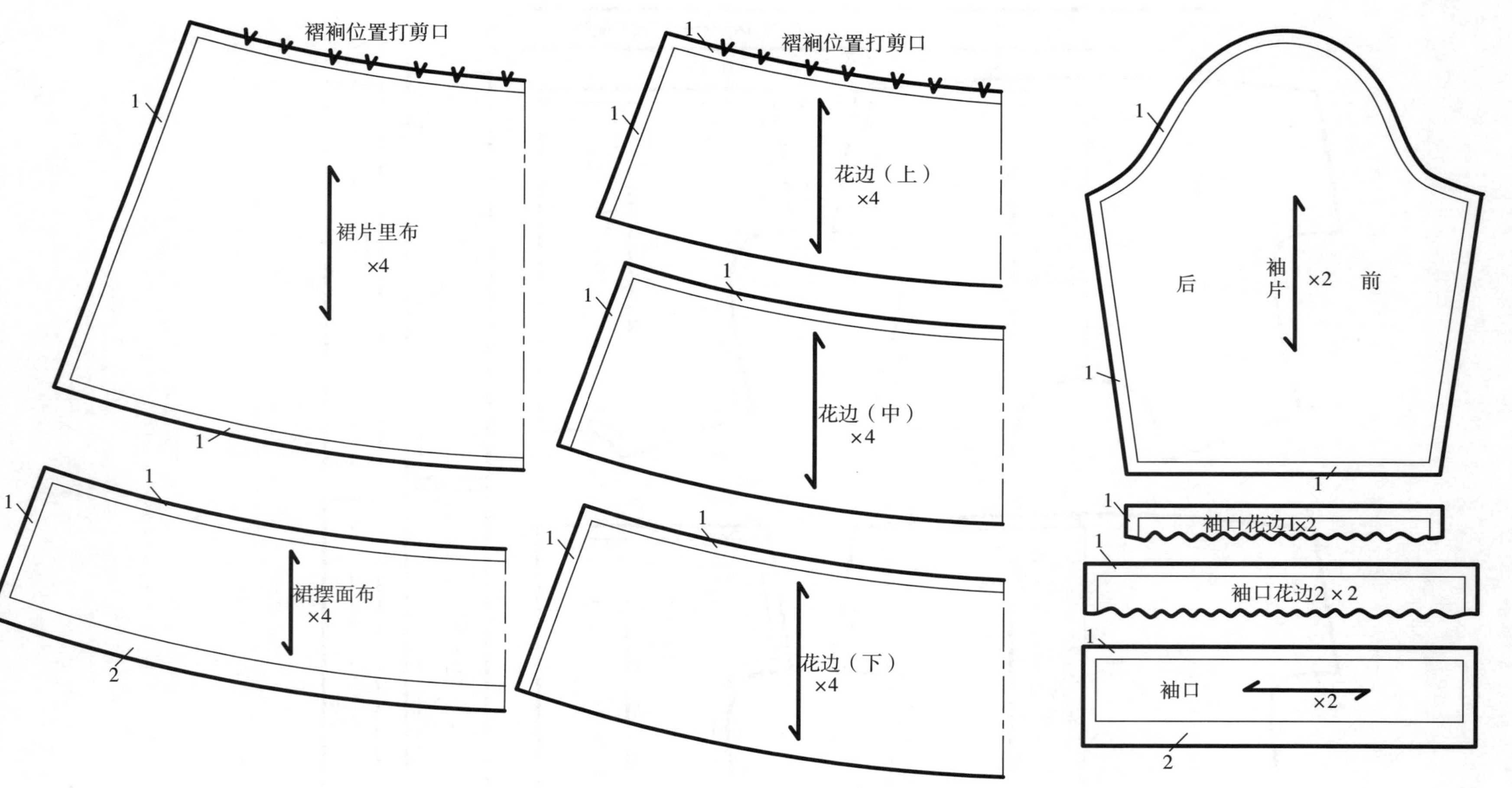

图3-30 长袖公主裙裙片、袖片裁剪样板

连身装

一、连腿式肚兜

二、开裆连体衣

三、吊带蓬蓬连腿衣

四、包裆连体衣

五、春秋季长袖连体衣

六、冬季长袖连体衣

教学目标： 1. 掌握婴幼童连身装的款式特点、穿着方式；
2. 掌握婴幼童连身装常用的面辅料；
3. 熟悉婴幼童各式连身装的规格尺寸；
4. 掌握婴幼童各式连身装的结构制图及样板制作。

教学重点： 1. 婴幼童连身装的款式设计；
2. 婴幼童连身装的结构制板。

教学方法： 1. 引入法：如引入婴幼童的生理特征讲述连身装的款式设计及结构特征；
2. 演示法：直接示范婴幼童连身装的款式绘制和结构制板；
3. 实践法：学生独自进行款式设计与结构制板。

婴幼童腹部易着凉，尤其大龄婴幼童学会爬行后，双腿爬行时裤子容易往后脱导致腰腹部裸露，连身装可避免以上问题。连身装腰部的设计也使婴幼童穿着更宽松舒适，避免一般裤装腰部的松紧带勒肚子。款式如图 4-1 ~图 4-3 所示。

图4-1　婴幼童连身装款式图①

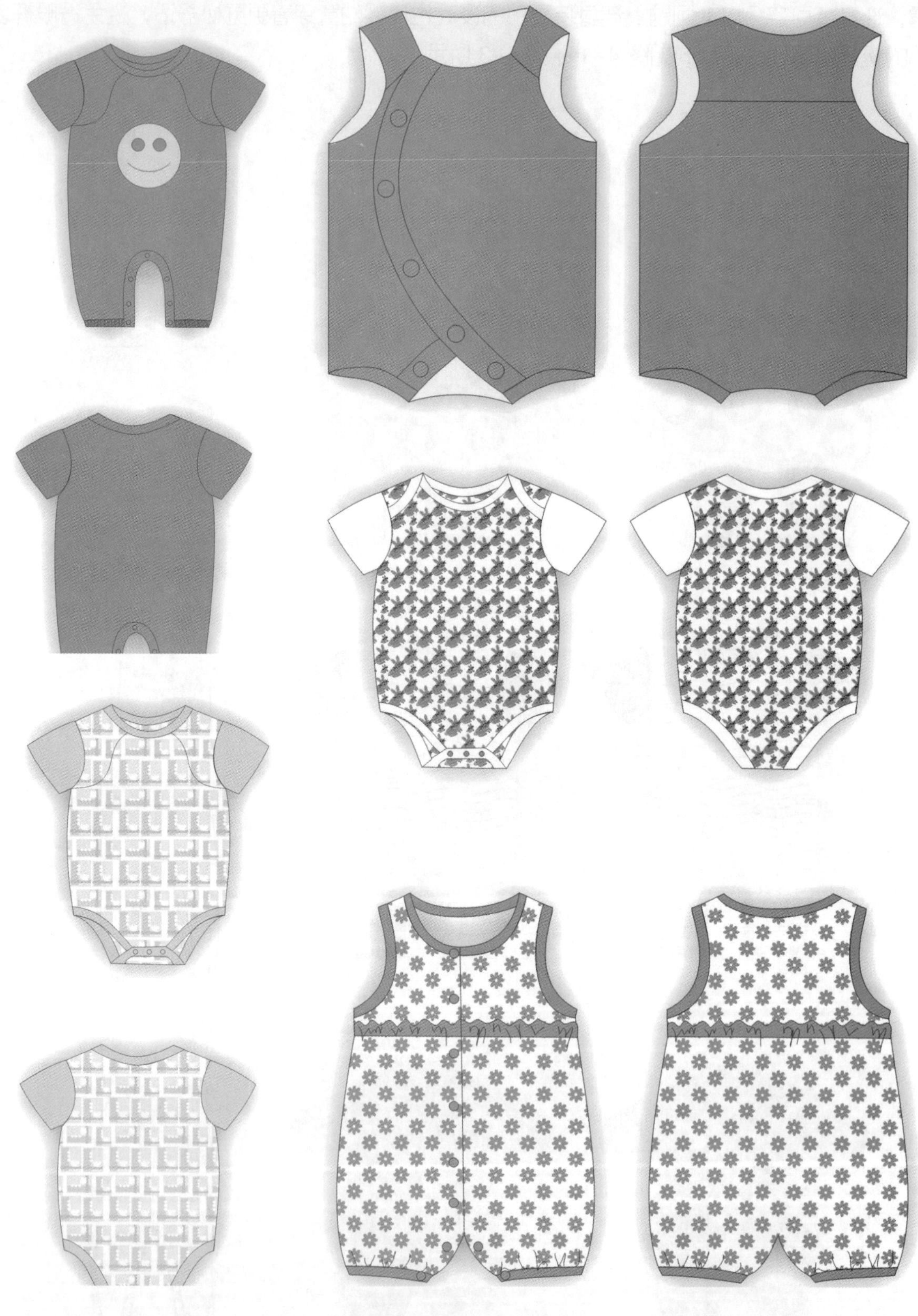

图4-2　婴幼童连身装款式图②

图4–3　婴幼童连身装款式图③

一、连腿式肚兜

有效护住婴幼童腹部，连腿式设计能防止婴幼童爬行时肚兜低垂。

1. 款式设计图（图 4-4）

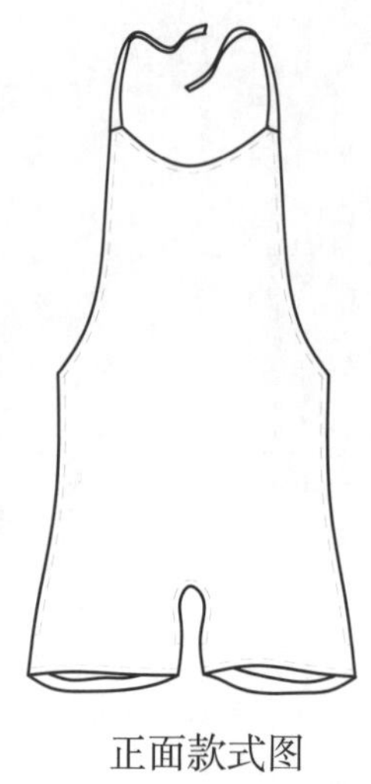
正面款式图

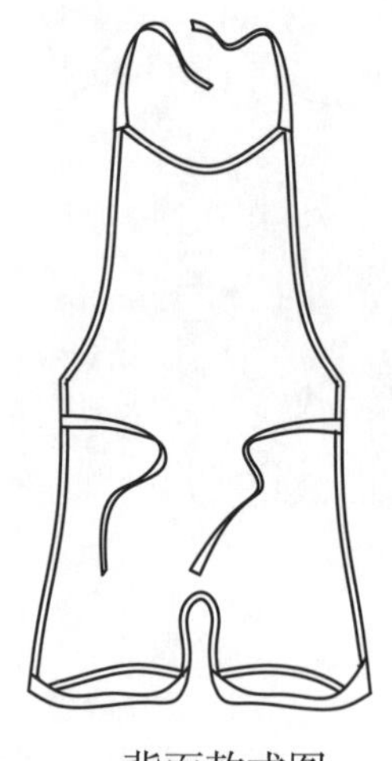
背面款式图

图4-4 连腿式肚兜款式设计图

2. 结构尺寸

连腿式肚兜结构尺寸见表 4-1，适合 0 ～ 1 岁婴幼童穿着。

表4-1 连腿式肚兜结构尺寸 单位：cm

身高	总长	上胸长	胸宽	腹宽	大腿根围	下裆长
52	27	12	12	24	22	4
59	29	13	13	25	24	4.5
66	31	14	14	26	26	4.5
73	33	15	15	27	28	5
80	35	16	16	28	30	5
90	39	18	18	30	32	5.5

3. 结构制图

连腿式肚兜结构制图以身高 73cm 婴幼童为例，如图 4-5 所示。

4. 裁剪样板

连腿式肚兜裁剪样板如图 4-6 所示。

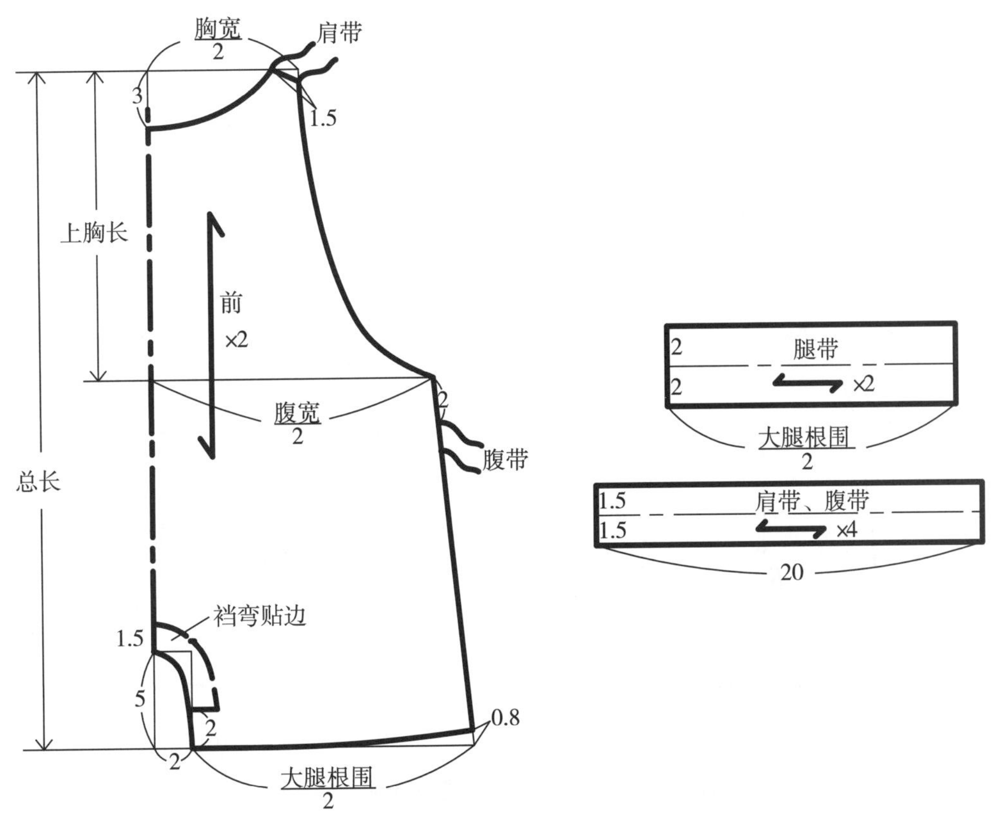

图4-5　连腿式肚兜结构制图

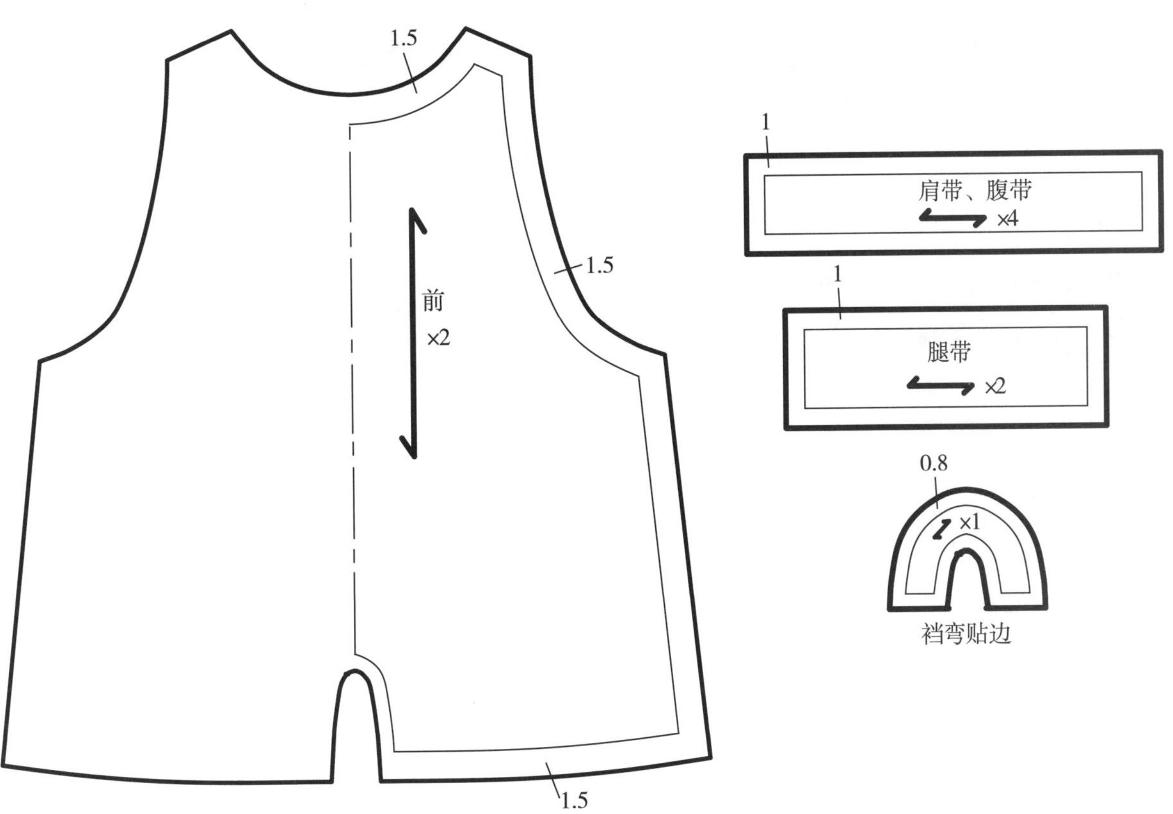

图4-6　连腿式肚兜裁剪样板

二、开裆连体衣

插肩袖，前开襟，小纽扣，后背连裁，裆部包边。款式简洁，非常适合婴幼童穿着。

1. 款式设计图（图 4–7）

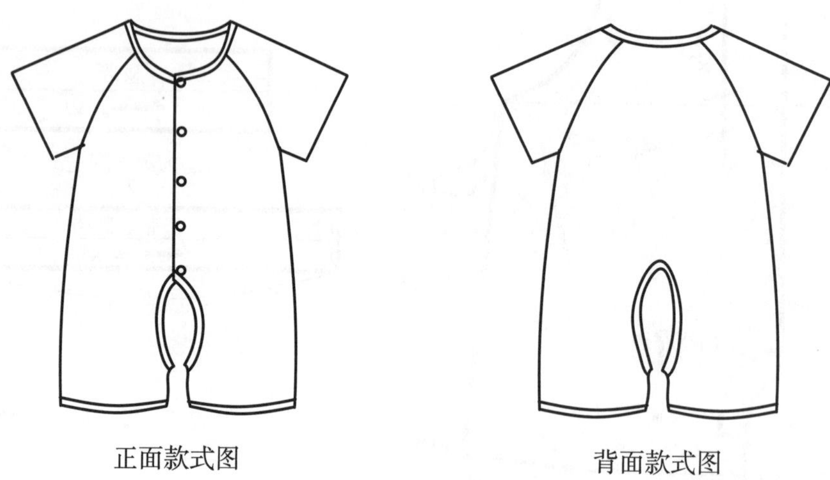

图4–7 开裆连体衣款式设计图

2. 结构尺寸

开裆连体衣结构尺寸见表 4–2，适合 0 ~ 1 岁半的婴幼童穿着。

表4–2 开裆连体衣结构尺寸 单位：cm

身高	衣长	上裆长	下裆长	胸围	臀围	肩宽	领围	袖窿深	袖长	袖口宽	裤口宽
59	43	17	6.5	52	60	20.5	26	10.5	7.5	6	12
66	46	18	6.5	54	62	22	28	11	8	7	13
73	49	19	7	56	64	23.5	29	11.5	8.5	8	14
80	52	20	7	58	66	25	30	12	9	9	15
90	57	21	8	62	70	26.5	31	12.5	10	10	16

3. 结构制图

开裆连体衣结构制图以身高 100cm 幼童为例，如图 4–8 所示。

4. 裁剪样板

开裆连体衣裁剪样板如图 4–9 所示。

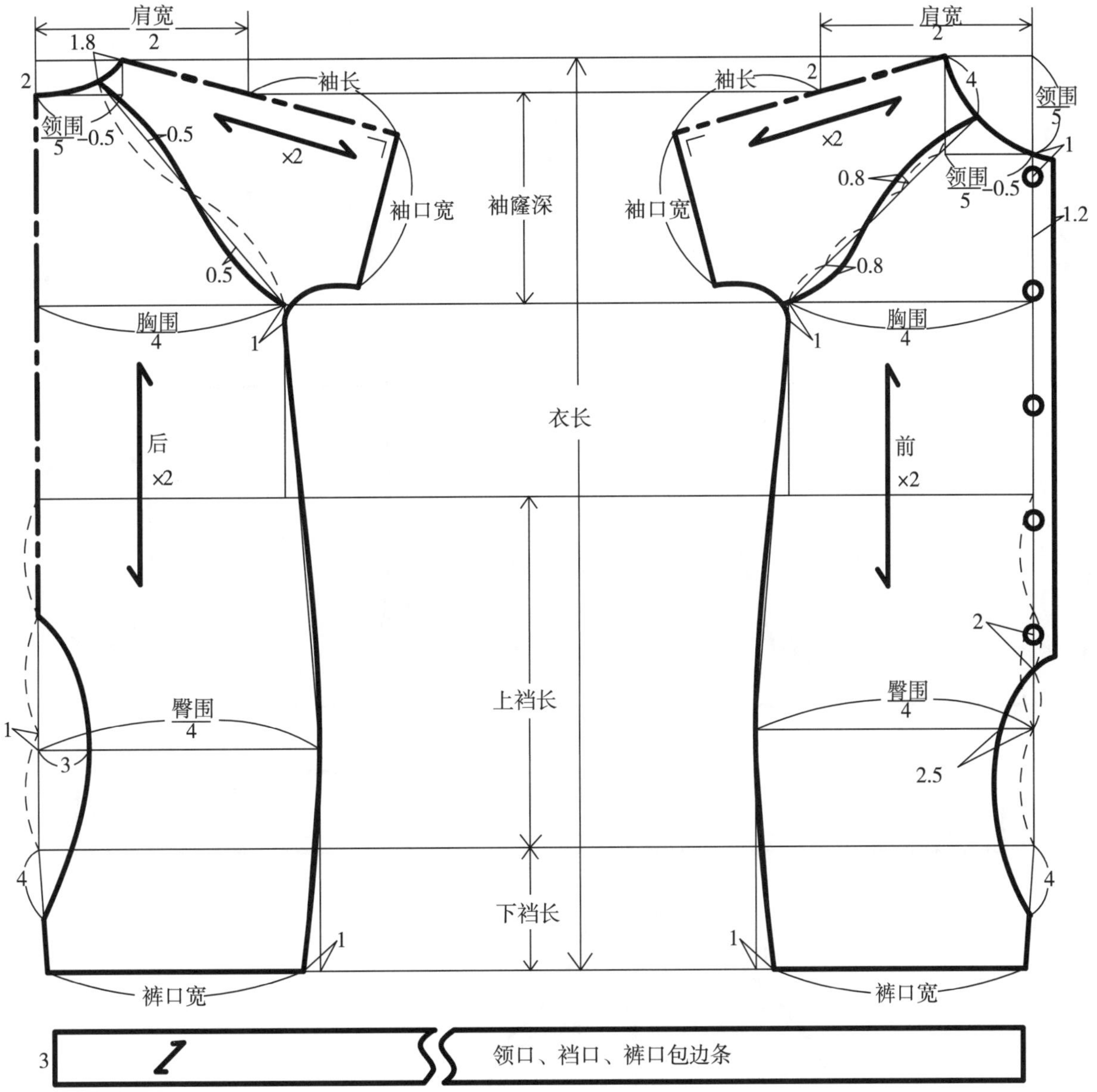

图4–8　开裆连体衣结构制图

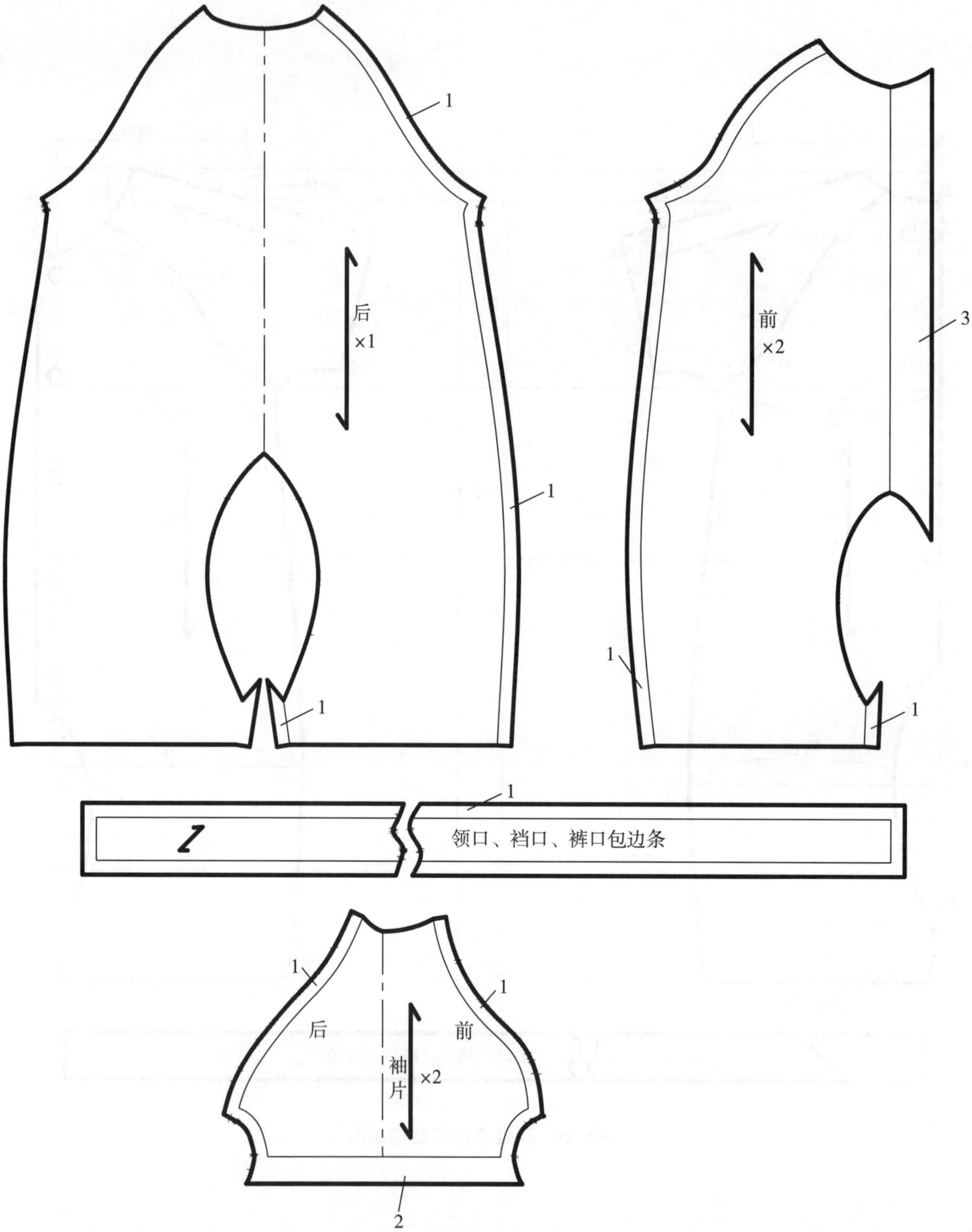

图4-9　开裆连体衣裁剪样板

三、吊带蓬蓬连腿衣

肩带抽褶，裤身上端设褶裥，裤口抽细褶，整体宽松舒适，风格活泼可爱。

1. 款式设计图（图 4-10）

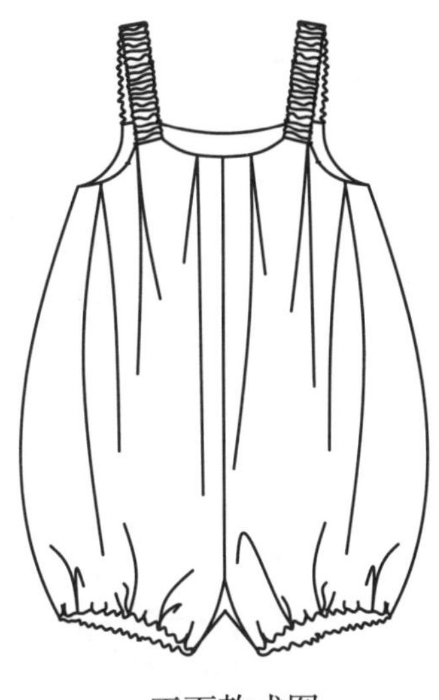

正面款式图

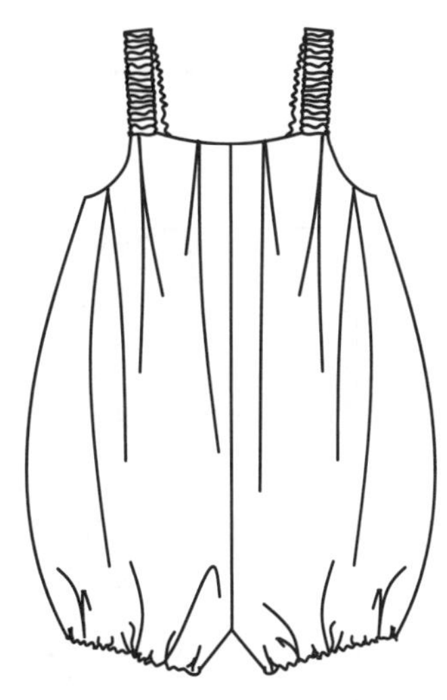

背面款式图

图4-10 吊带蓬蓬连腿衣款式设计图

2. 结构尺寸

吊带蓬蓬连腿衣结构尺寸见表 4-3，适合 1 ~ 4 岁幼童穿着。

表4-3 吊带蓬蓬连腿衣结构尺寸 单位：cm

身高	总长	下裆长	胸围	前领深	前（后）领宽	后领深	裤口宽
80	40	7	58	8	6	7	16
90	45	8	62	8.5	6.5	7.5	17
100	50	9	66	9	7	8	18
110	55	10	70	9.5	7.5	8.5	19

3. 结构制图

吊带蓬蓬连腿衣结构制图以身高 100cm 幼童为例，如图 4-11、图 4-12 所示。

4. 裁剪样板

吊带蓬蓬连腿衣裁剪样板如图 4-13 所示。

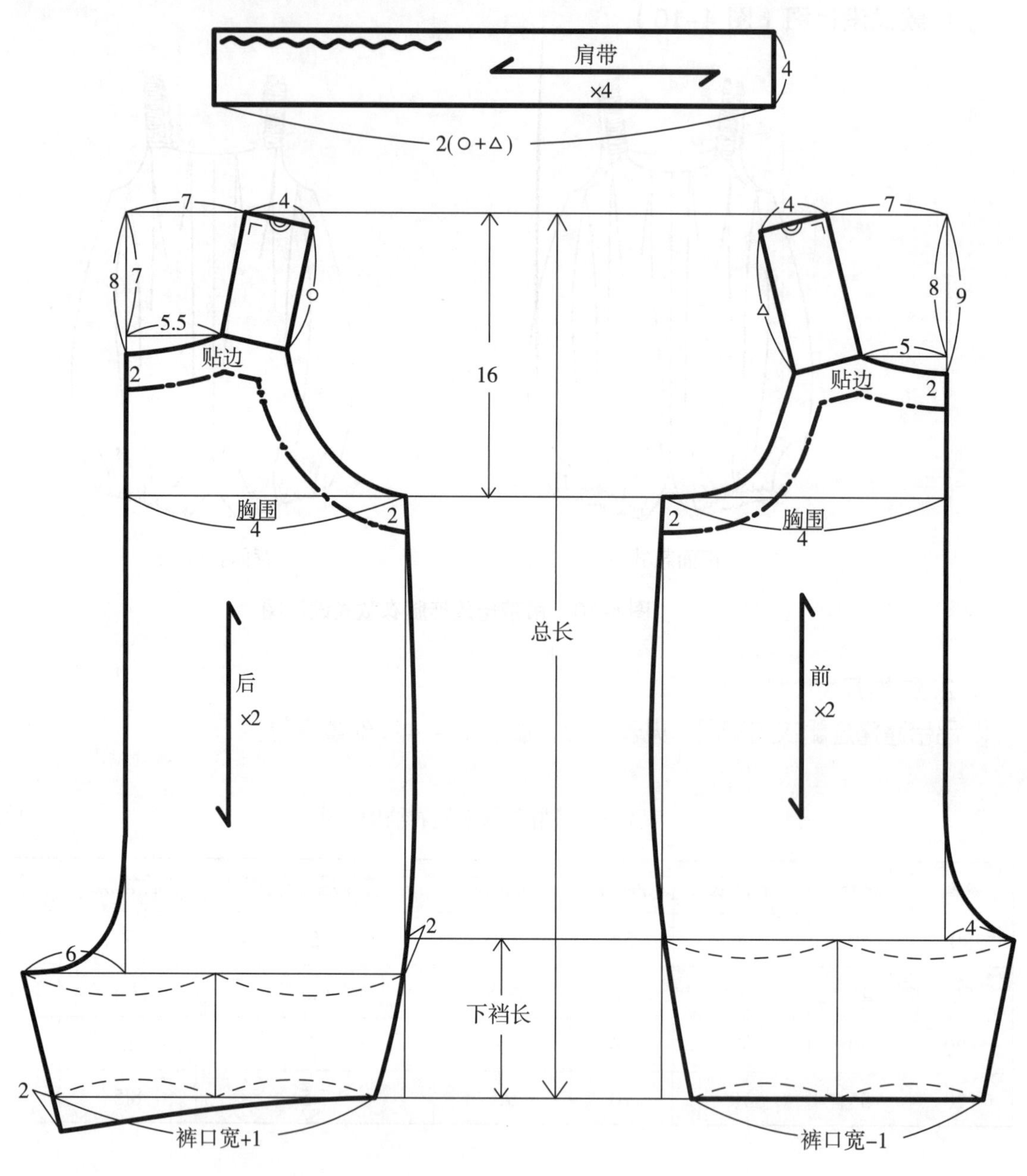

图4-11 吊带蓬蓬连腿衣结构制图

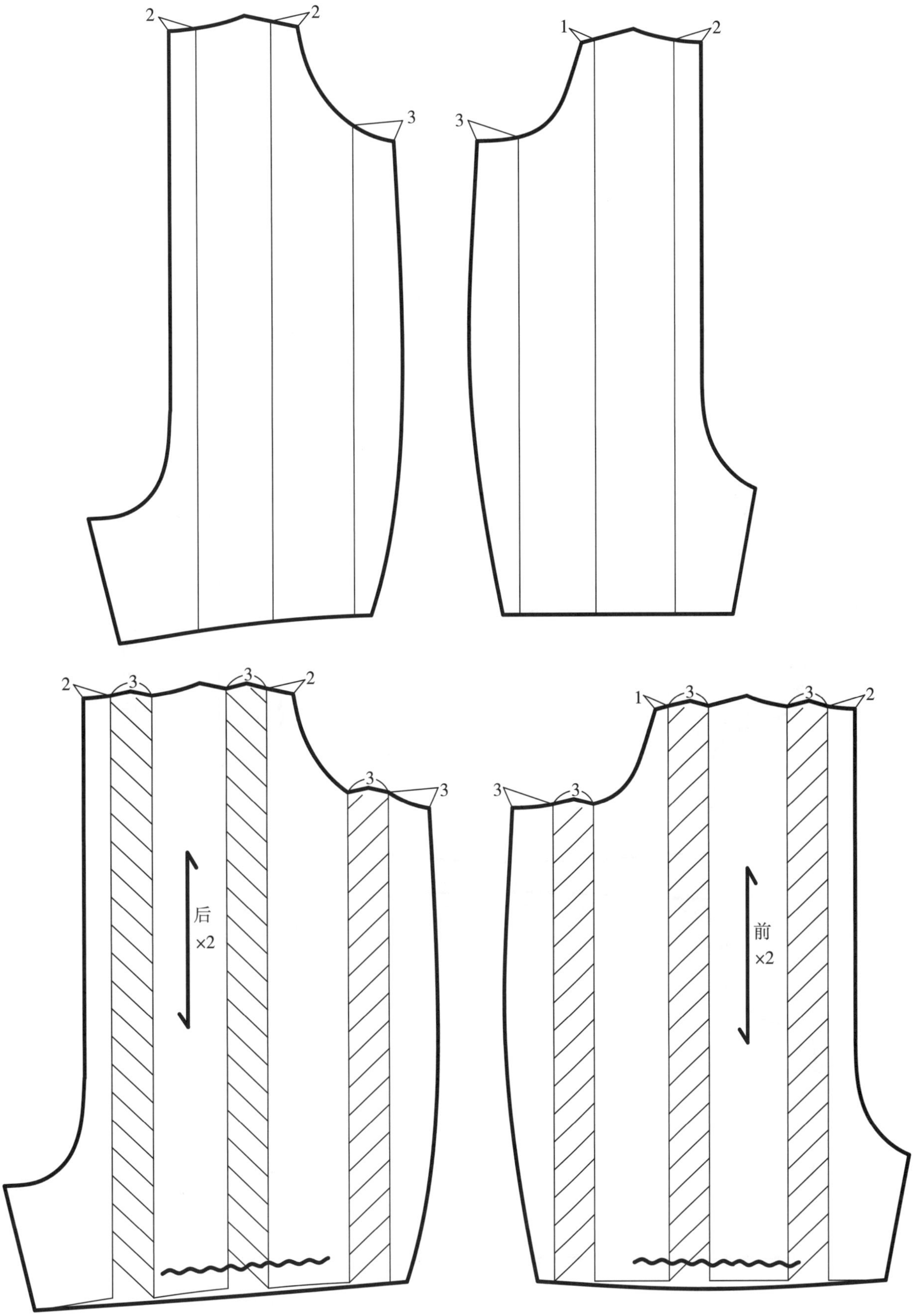

图4-12　吊带蓬蓬连腿衣裤片结构展开图

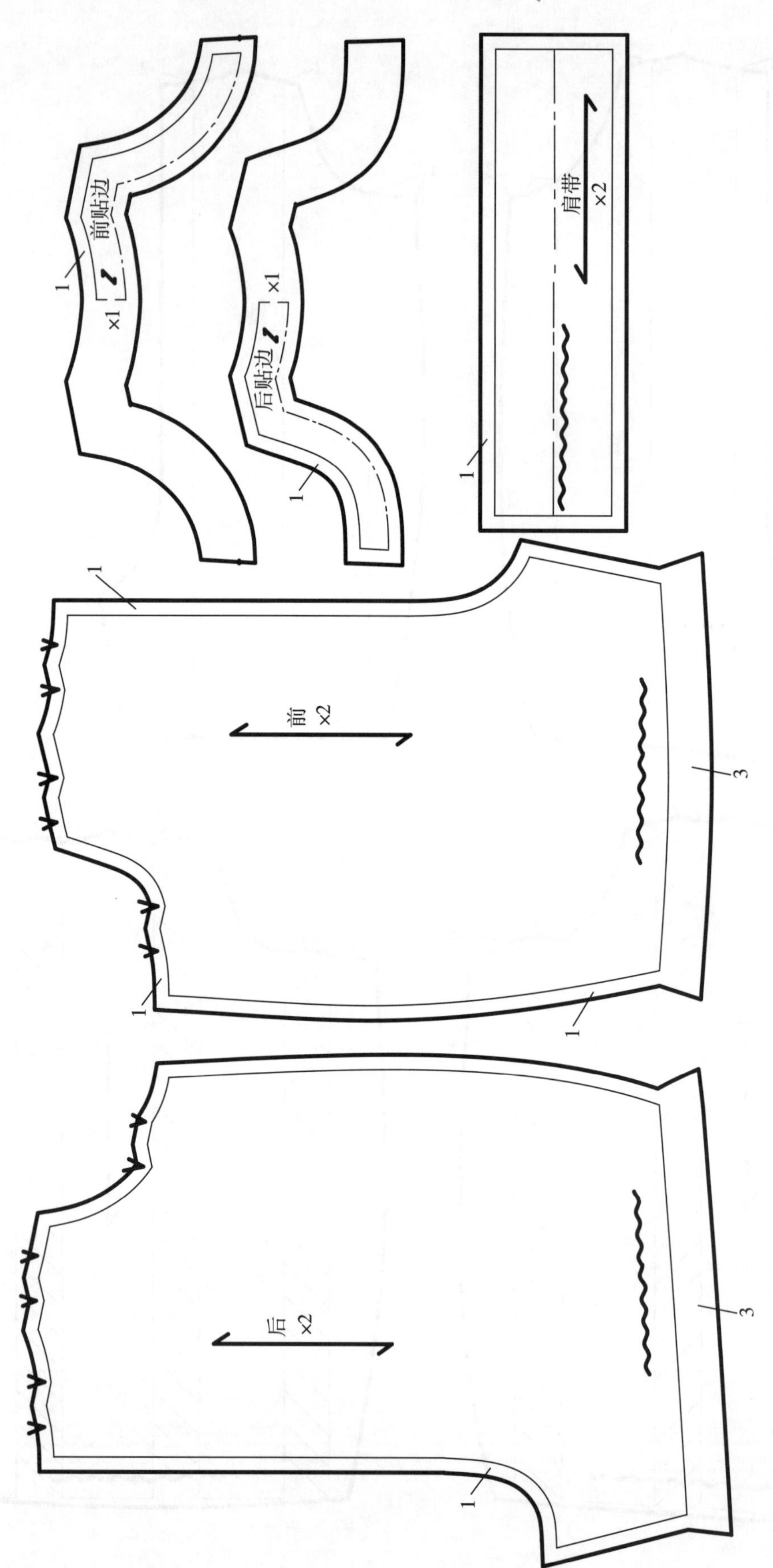

图4-13 吊带蓬蓬连腿衣裁剪样板

四、包裆连体衣

无裤腿式包裆连体衣夏季穿着能有效护体，同时也便于纸尿片的使用。

1. 款式设计图（图 4–14）

正面款式图

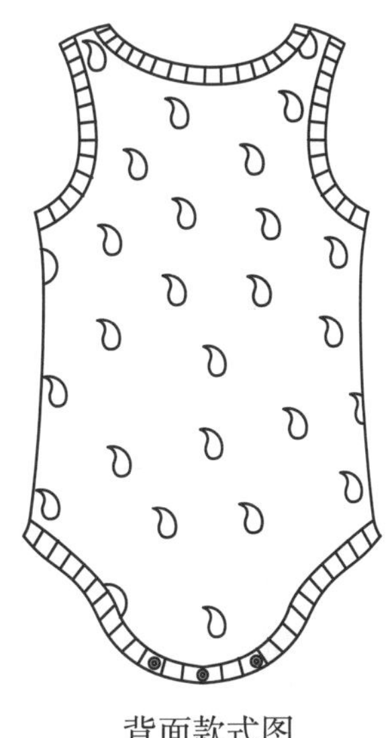

背面款式图

图4–14　包裆连体衣款式图

2. 结构尺寸

包裆连体衣结构尺寸见表 4–4，适合 3 ～ 12 个月婴幼童穿着。

表4–4　包裆连体衣结构尺寸　　单位：cm

身高	衣长	上裆长	胸围	臀围	肩宽	领围	袖窿深
59	36	17	52	55	22	29.5	10.5
66	39	18	54	57	23	30	11
73	42	19	56	59	24	31	11.5
80	45	20	58	61	25	32	12

3. 结构制图

包裆连体衣结构制图以身高 66cm 婴幼童为例，如图 4–15 所示。

4. 裁剪样

包裆连体衣裁剪样板如图 4–16 所示。

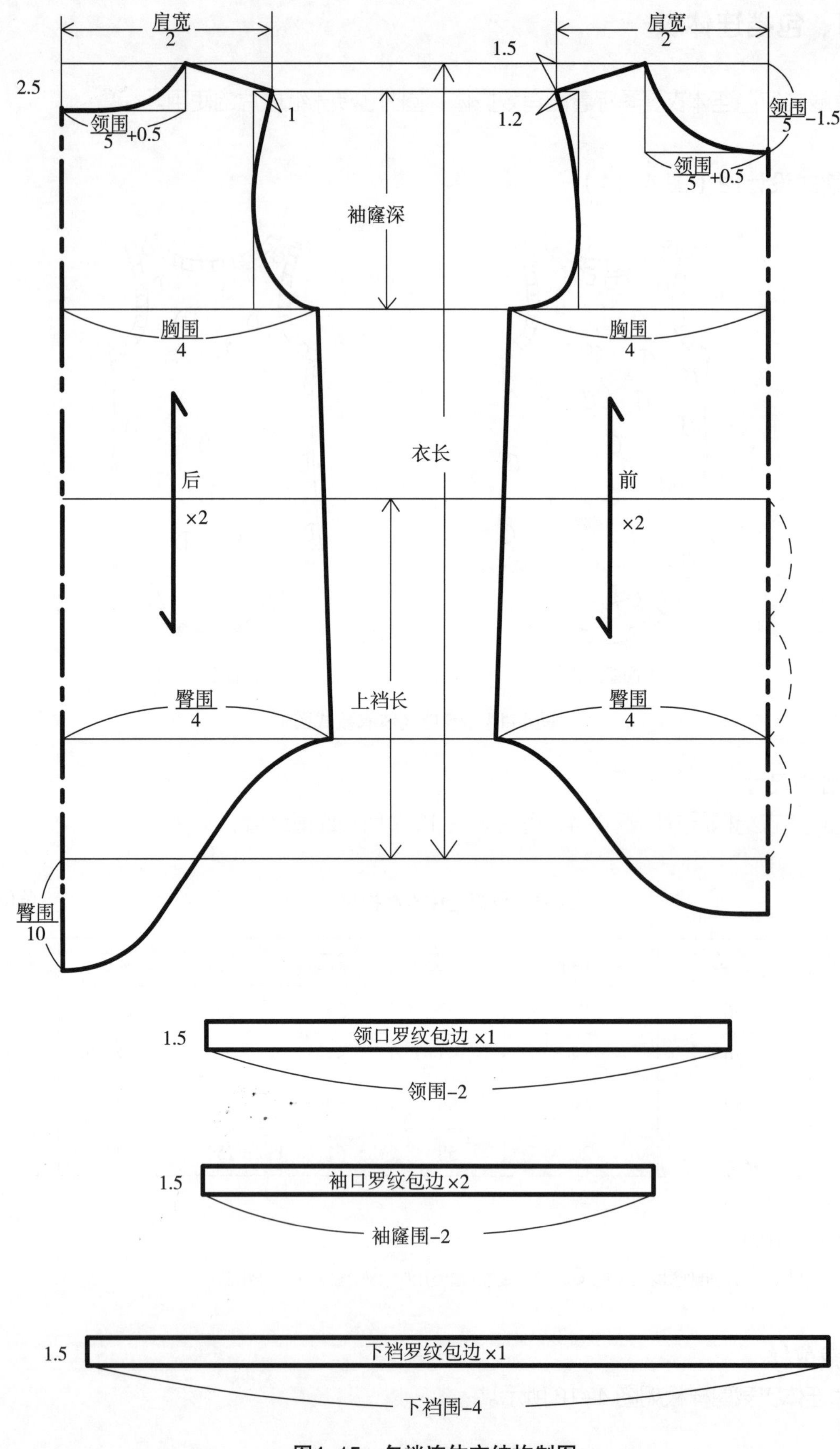

图4–15　包裆连体衣结构制图

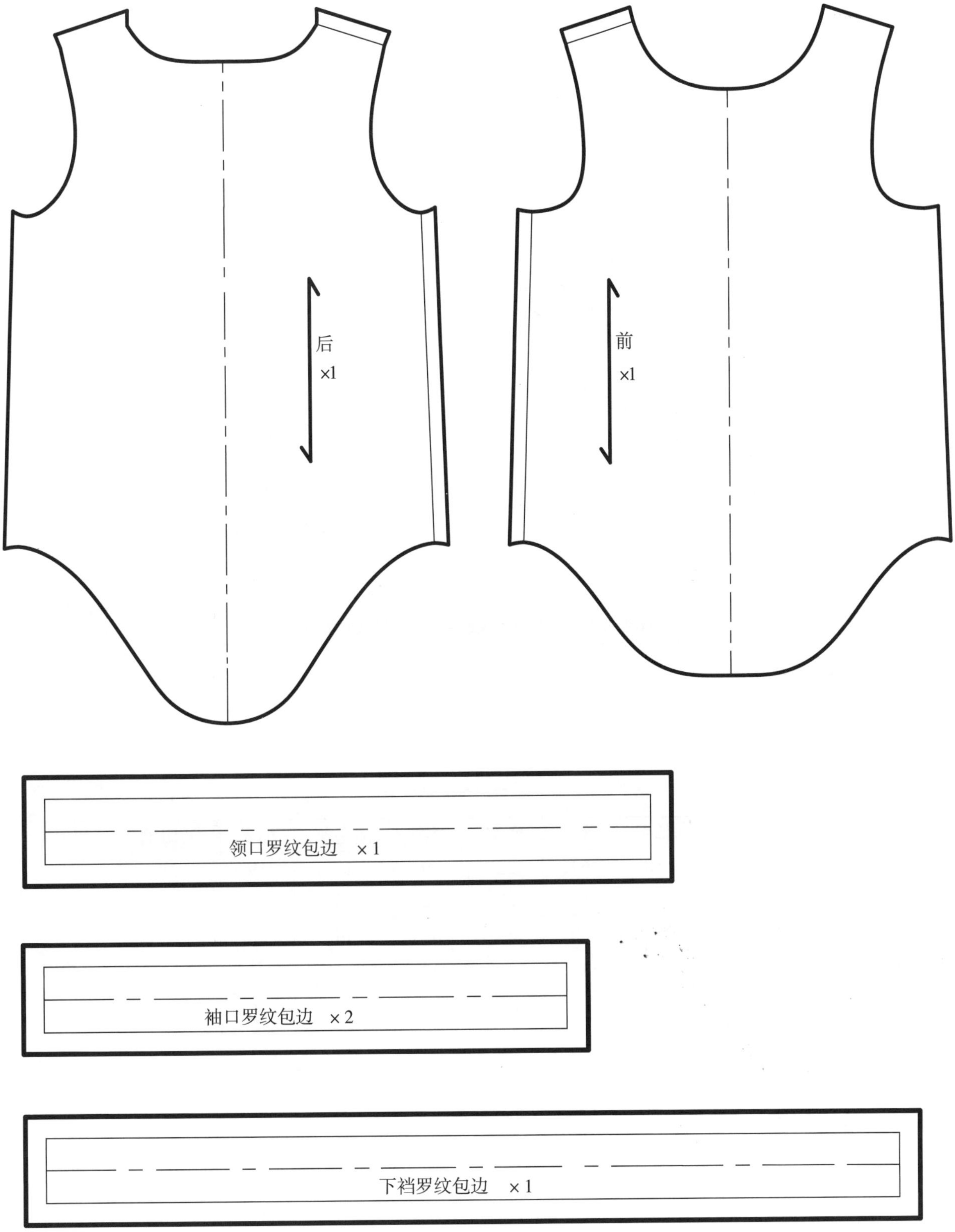

图4–16 包裆连体衣裁剪样板

五、春秋季长袖连体衣

长袖、长裤腿，前身拉链单腿开襟，一直开至左裤口。采用双层面料缝制，里布可采用纯棉薄针织汗布，领口、袖口、裤口采用罗纹布。

1. 款式设计图（图 4–17）

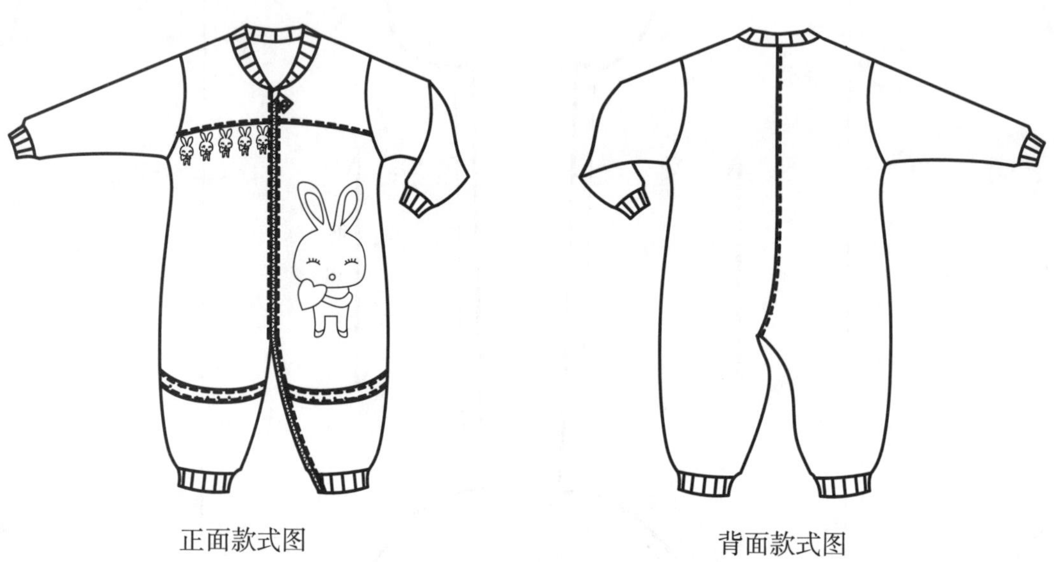

图4–17　春秋季长袖连体衣款式设计图

2. 结构尺寸

春秋季长袖连体衣结构尺寸见表 4–5，适合 3 ~ 36 个月婴幼童穿着。

表4–5　春秋季长袖连体衣结构尺寸　　单位：cm

身高	衣长	下裆长	胸围	臀围	肩宽	领围	袖窿深	袖长	袖口围	裤口围
59	49	18	58	64	22	29	12	19	21	24
66	54	21	60	66	23	30	13	21	22	25
73	59	24	62	68	24	31	14	23	23	26
80	64	27	64	70	25	32	15	25	24	27
90	71	31	67	73	26.5	33	16	28	25	28
100	78	35	70	76	28	34	17	31	26	29

3. 结构制图

春秋季长袖连体衣结构制图以身高 73cm 婴幼童为例，如图 4–18、图 4–19 所示。

4. 裁剪样

春秋季长袖连体衣裁剪样板如图 4–20 ~ 图 4–22 所示。

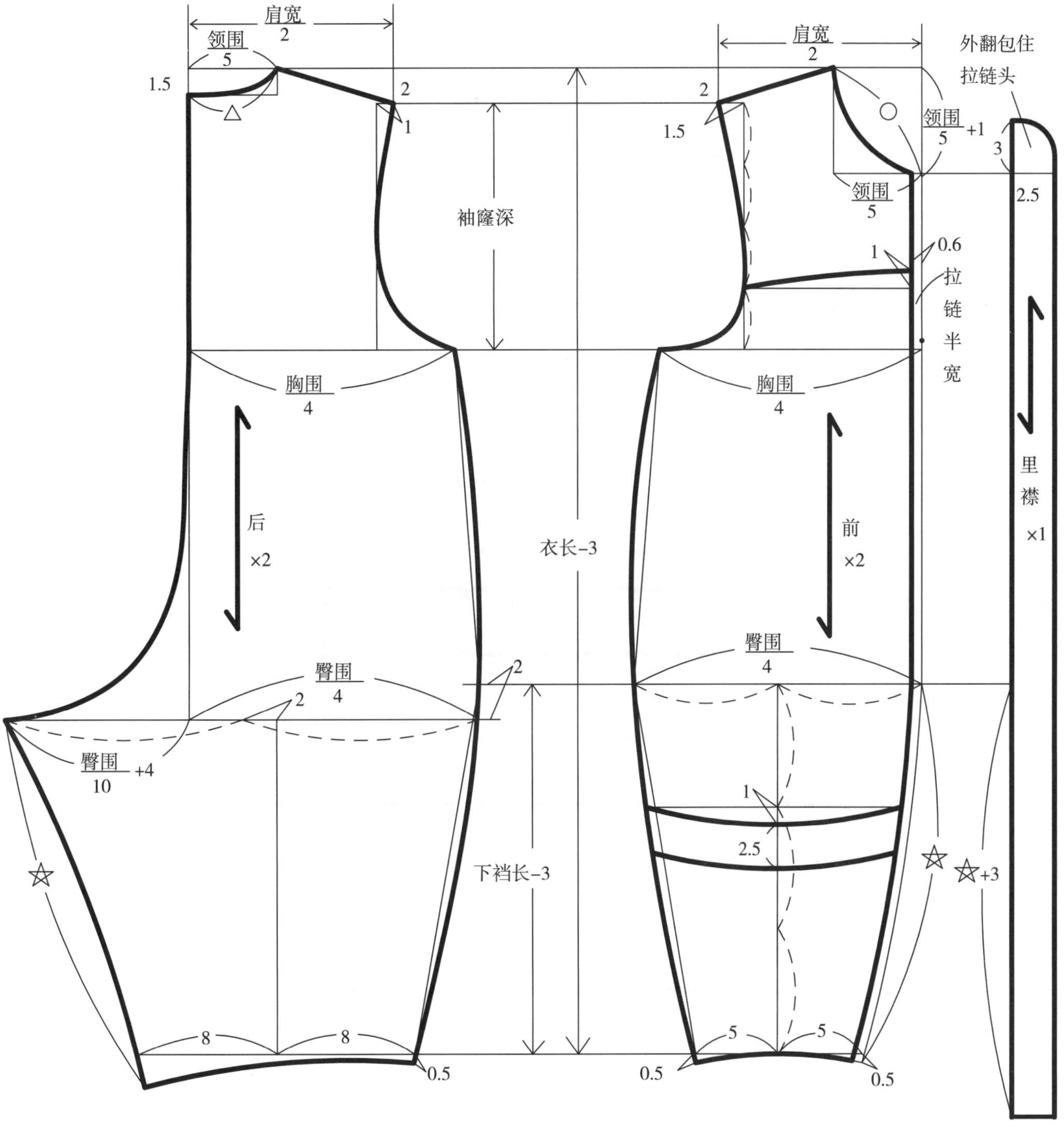

图4-18　春秋季长袖连体衣衣身结构制图

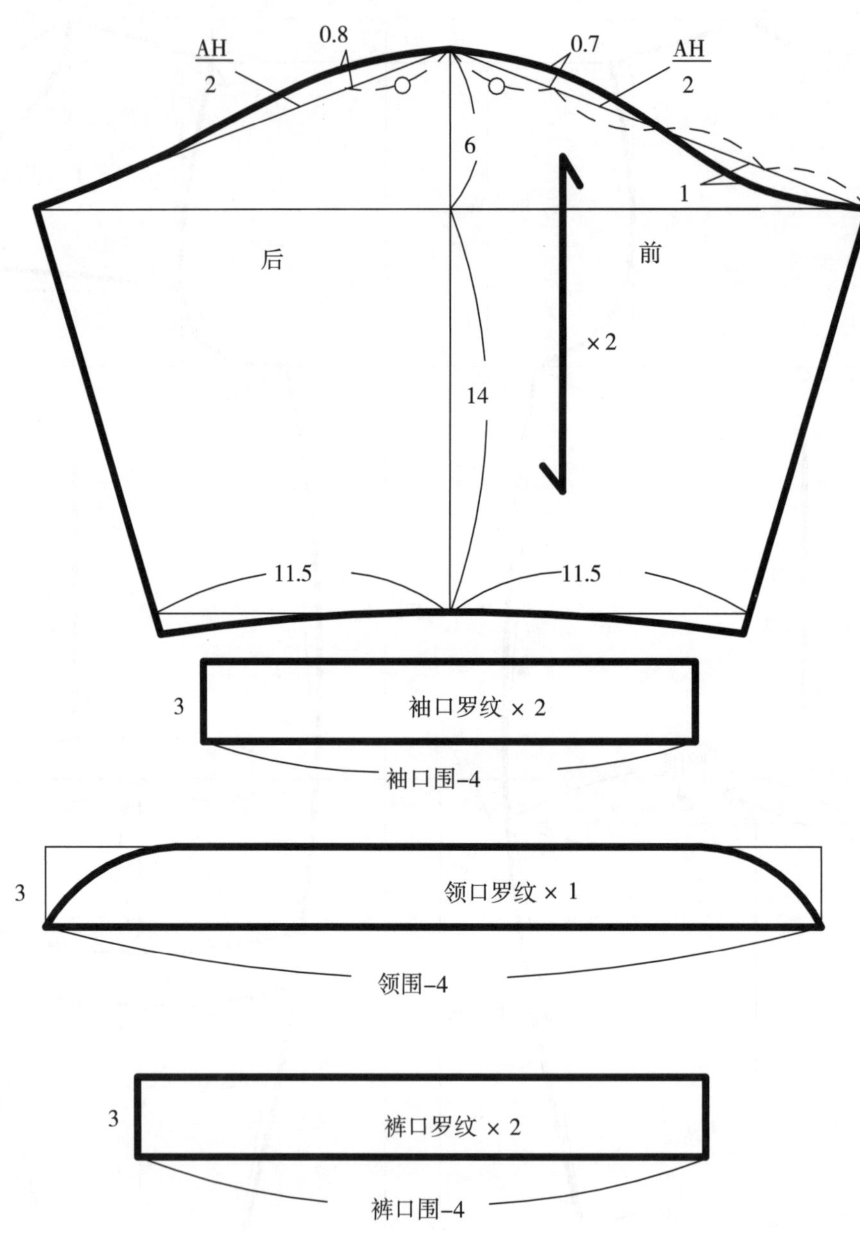

图4-19 春秋季长袖连体衣袖子及零部件结构制图

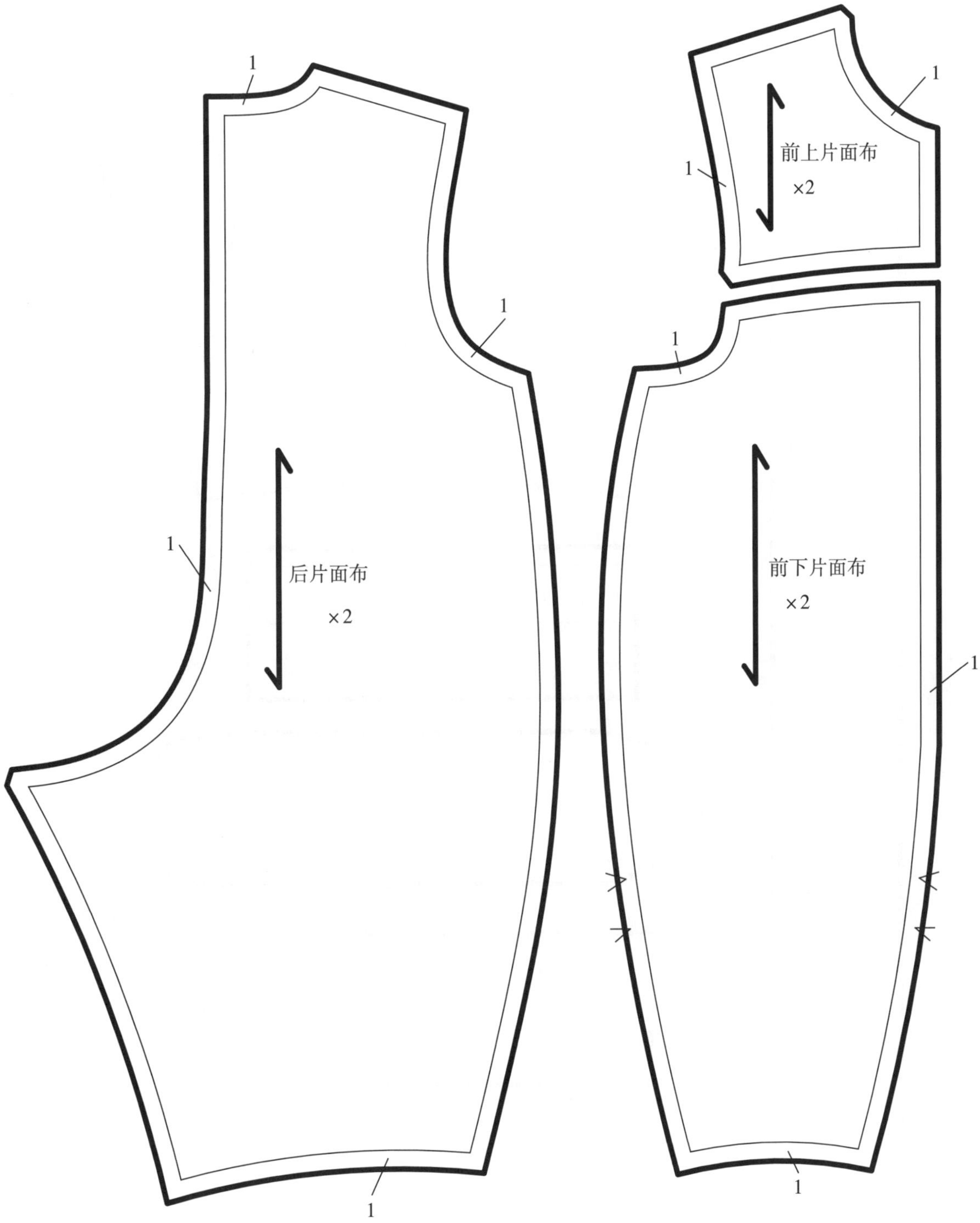

图4-20　春秋季长袖连体衣裤片面布裁剪样板

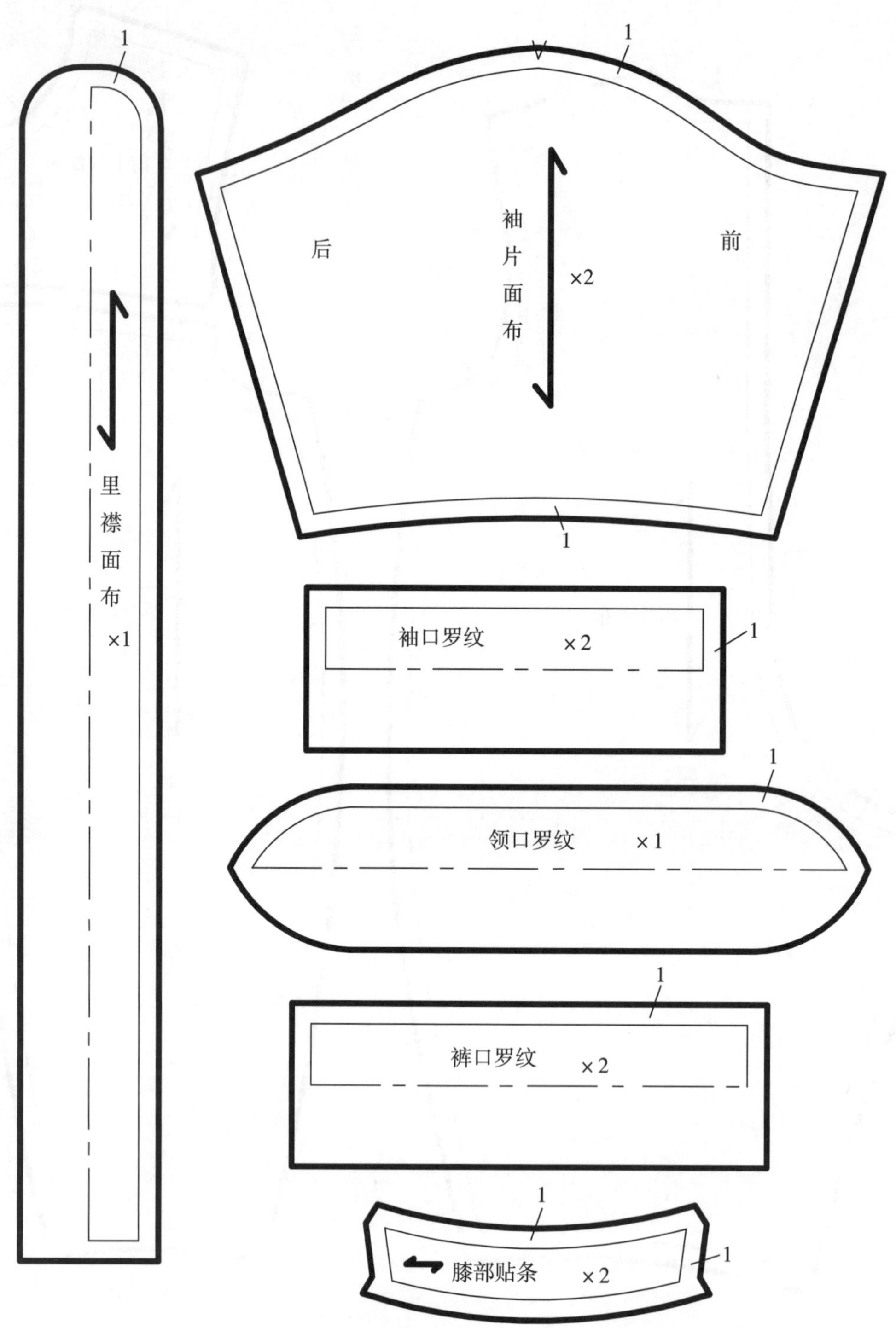

图4-21 春秋季长袖连体衣零部件面布裁剪样板

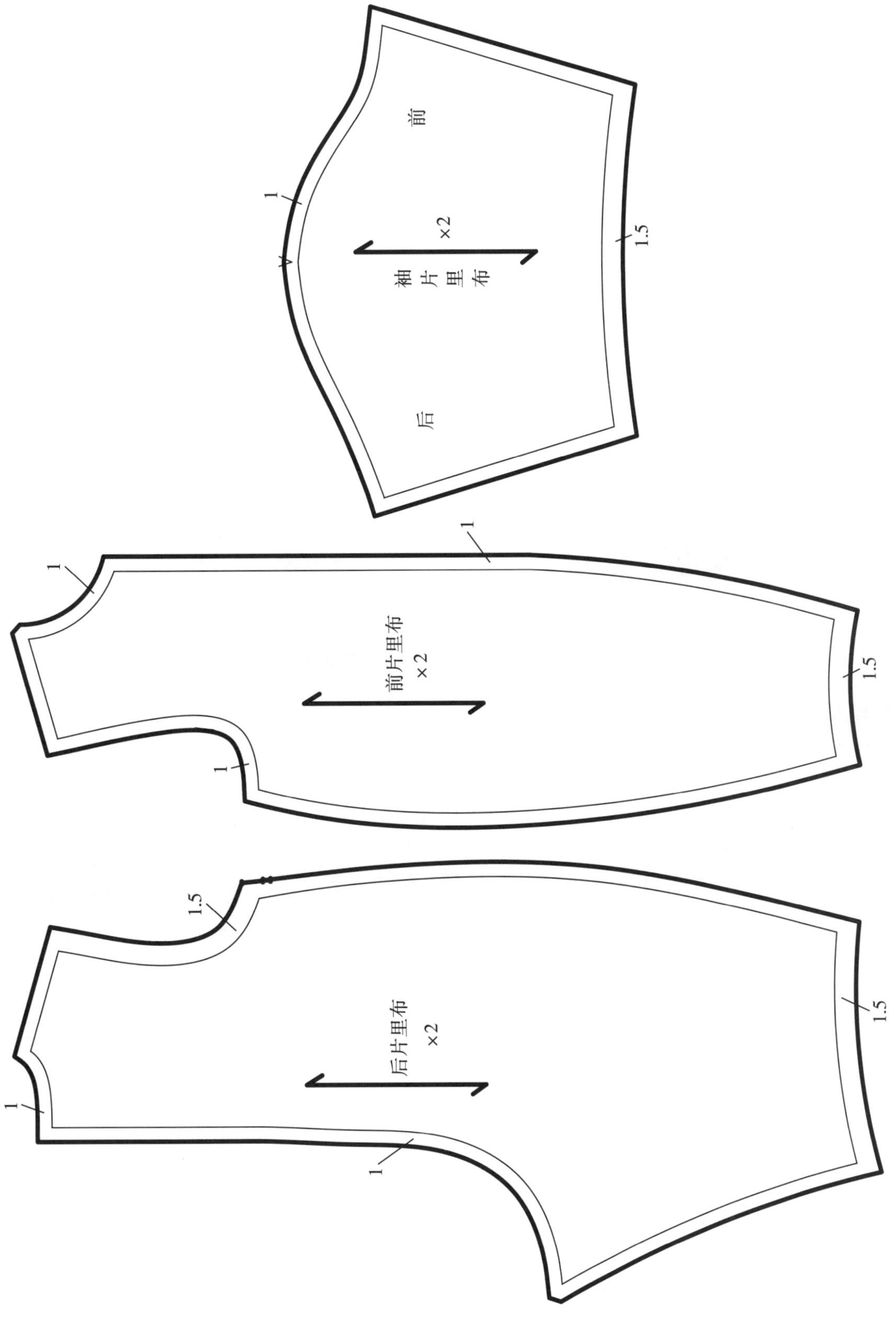

袖片里布 ×2

前

后

1

1.5

前片里布 ×2

1

1

1

1.5

后片里布 ×2

1.5

1

1

1.5

图4-22　春秋季长袖连体衣里布裁剪样板

六、冬季长袖连体衣

长袖、长裤腿，前身双腿开襟，装暗扣。袖口、裤口采用松紧带缩口，前片草莓型贴袋边缘为弧线，采用绗缝。双层面料，面料可稍厚，根据需要，面料中间层也可加适量填絮料。此款连体衣的保暖性好，不管在室内还是室外，都能更有效地防止儿童着凉。

1. 款式设计图（图 4-23）

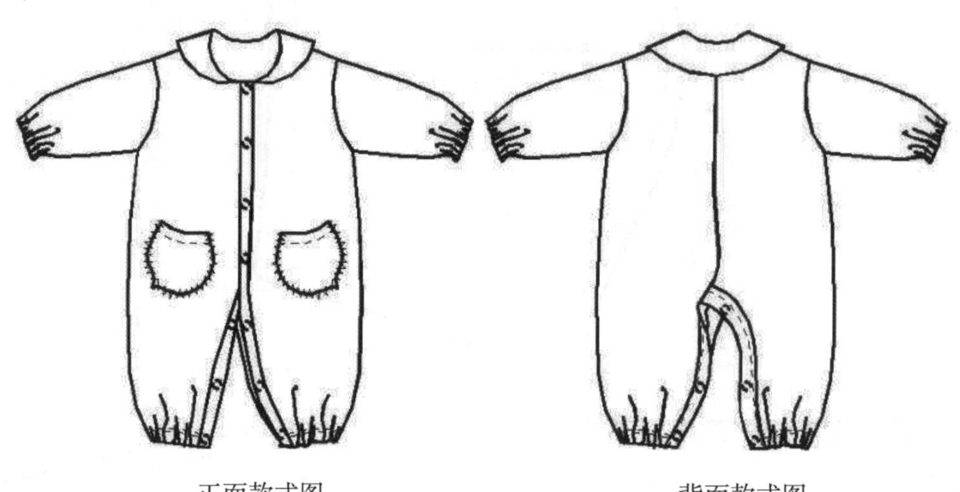

正面款式图　　背面款式图

图4-23　冬季长袖连体衣款式图

2. 结构尺寸

冬季长袖连体衣结构尺寸见表 4-6，适合 3 ~ 36 个月婴幼童穿着。

表4-6　冬季长袖连体衣结构尺寸　　单位：cm

身高	衣长	下裆长	胸围	臀围	肩宽	领围	袖窿深	袖长	袖口围（装松紧带前）	裤口围（装松紧带前）
59	50	17	60	66	22	29	12	19	22	26
66	55	20	62	68	23	30	13	21	23	27
73	60	23	64	70	24	31	14	23	24	28
80	63	26	66	72	25	32	15	25	25	29
90	72	30	69	75	26.5	33	16	28	26	30
100	79	34	72	78	28	34	17	31	27	31

3. 结构制图

冬季长袖连体衣结构制图以身高 66cm 婴幼童为例，如图 4-24、图 4-25 所示。

4. 裁剪样板

冬季长袖连体衣面布裁剪样板如图 4-26、图 4-27 所示，里布裁剪样板如图 4-28 所示。

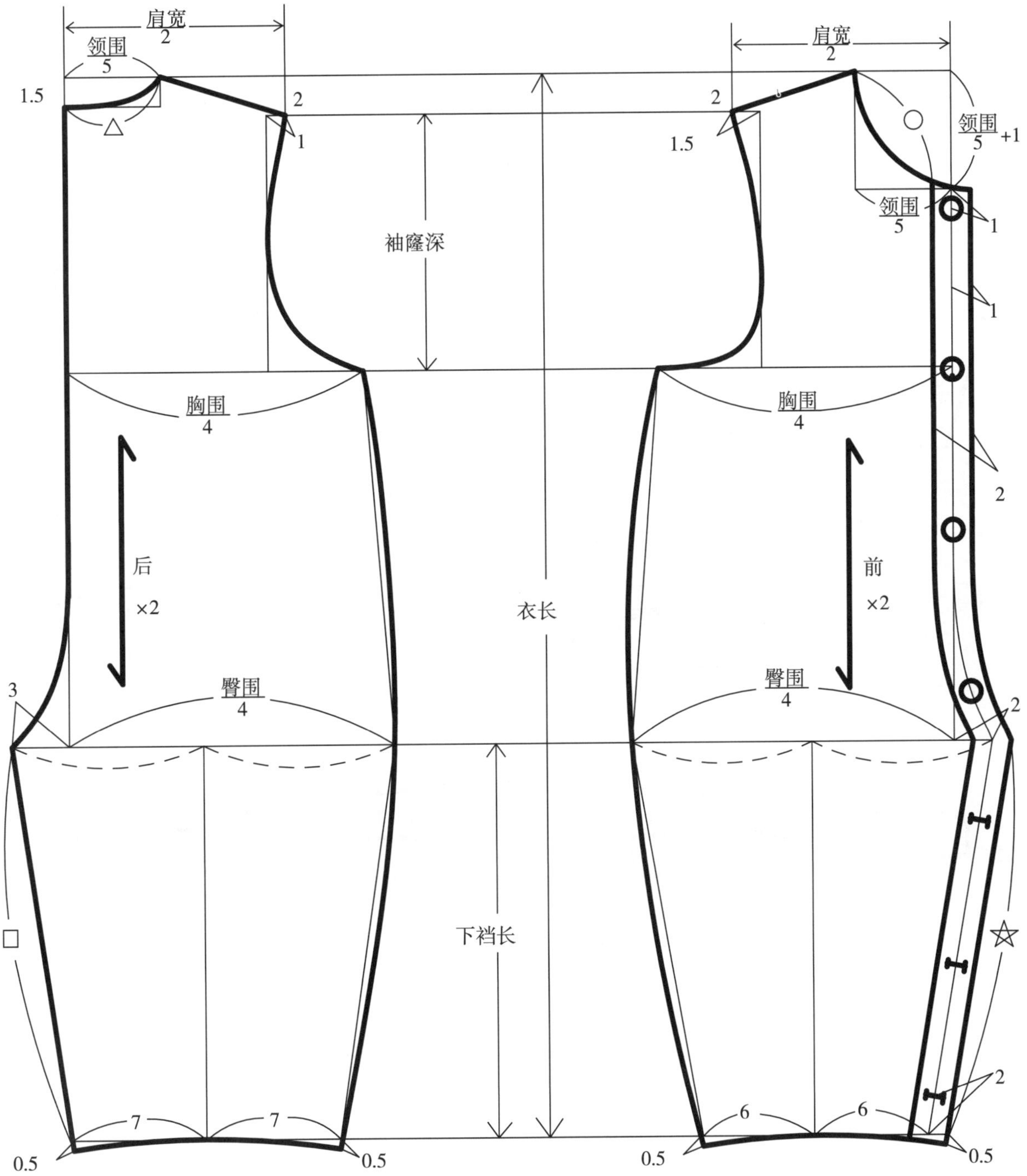

图4-24 冬季长袖连体衣裤片结构制图

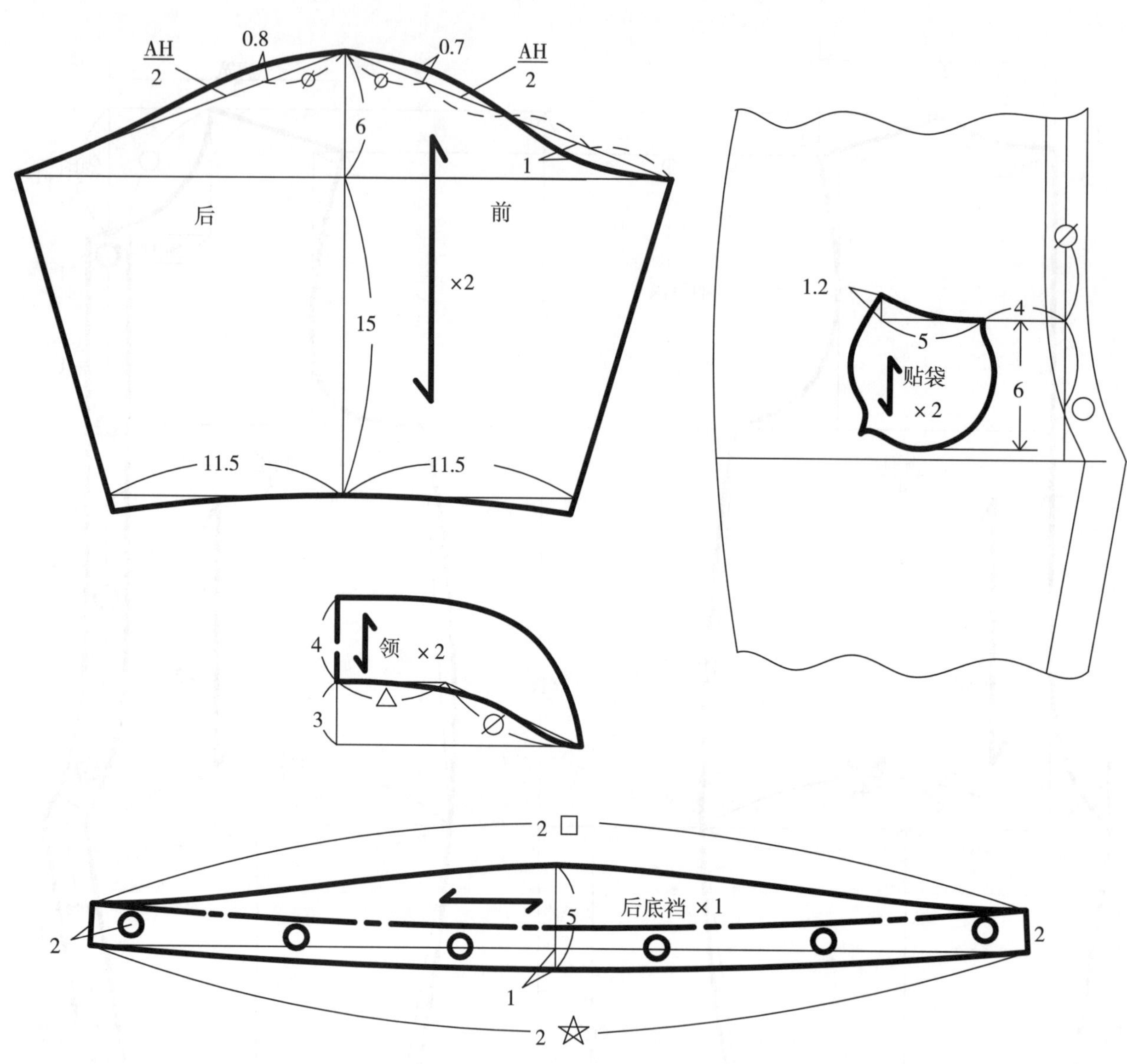

图4-25 冬季季长袖连体衣袖子及零部件结构制图

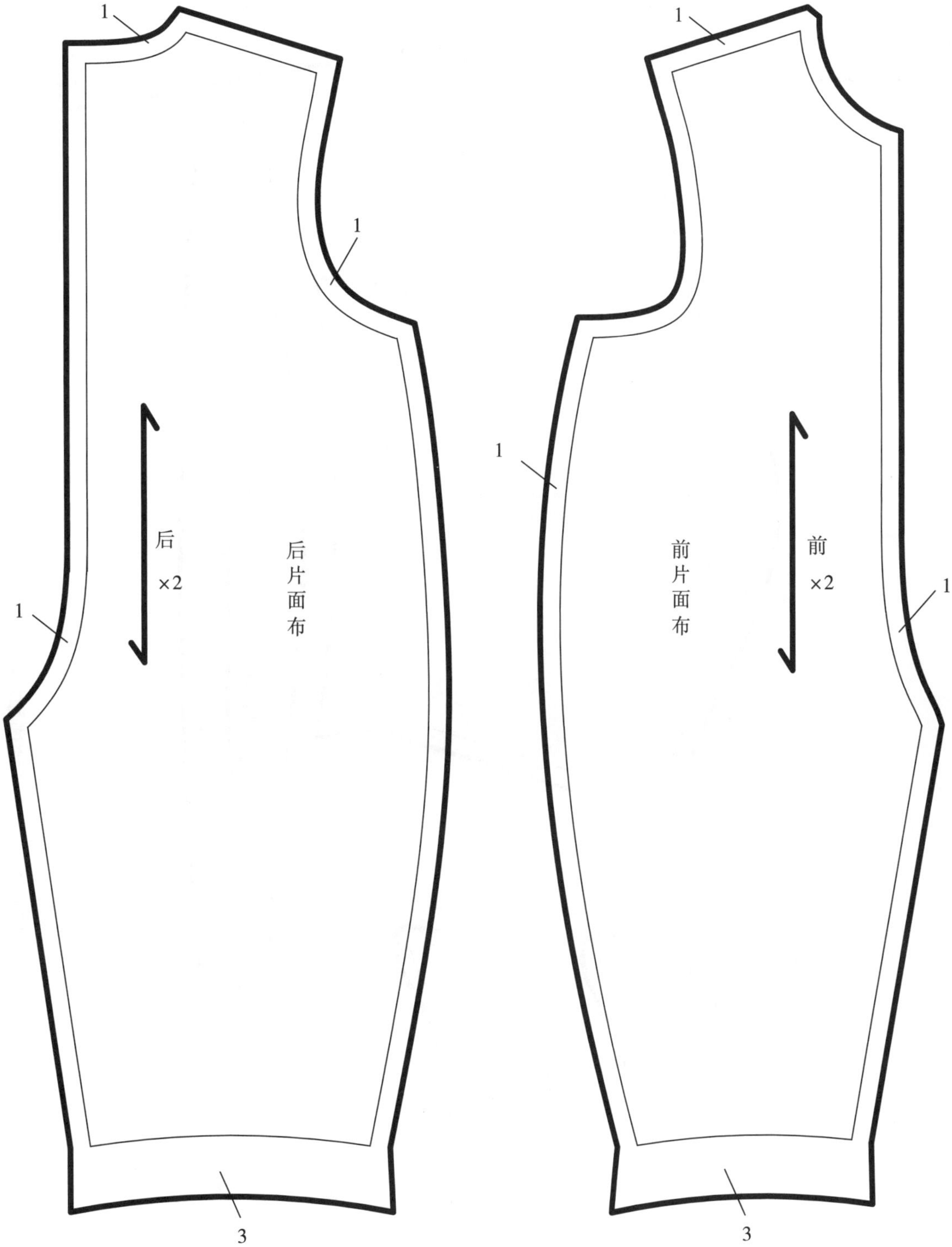

图4–26　冬季长袖连体衣袖片及零部件面布裁剪样板

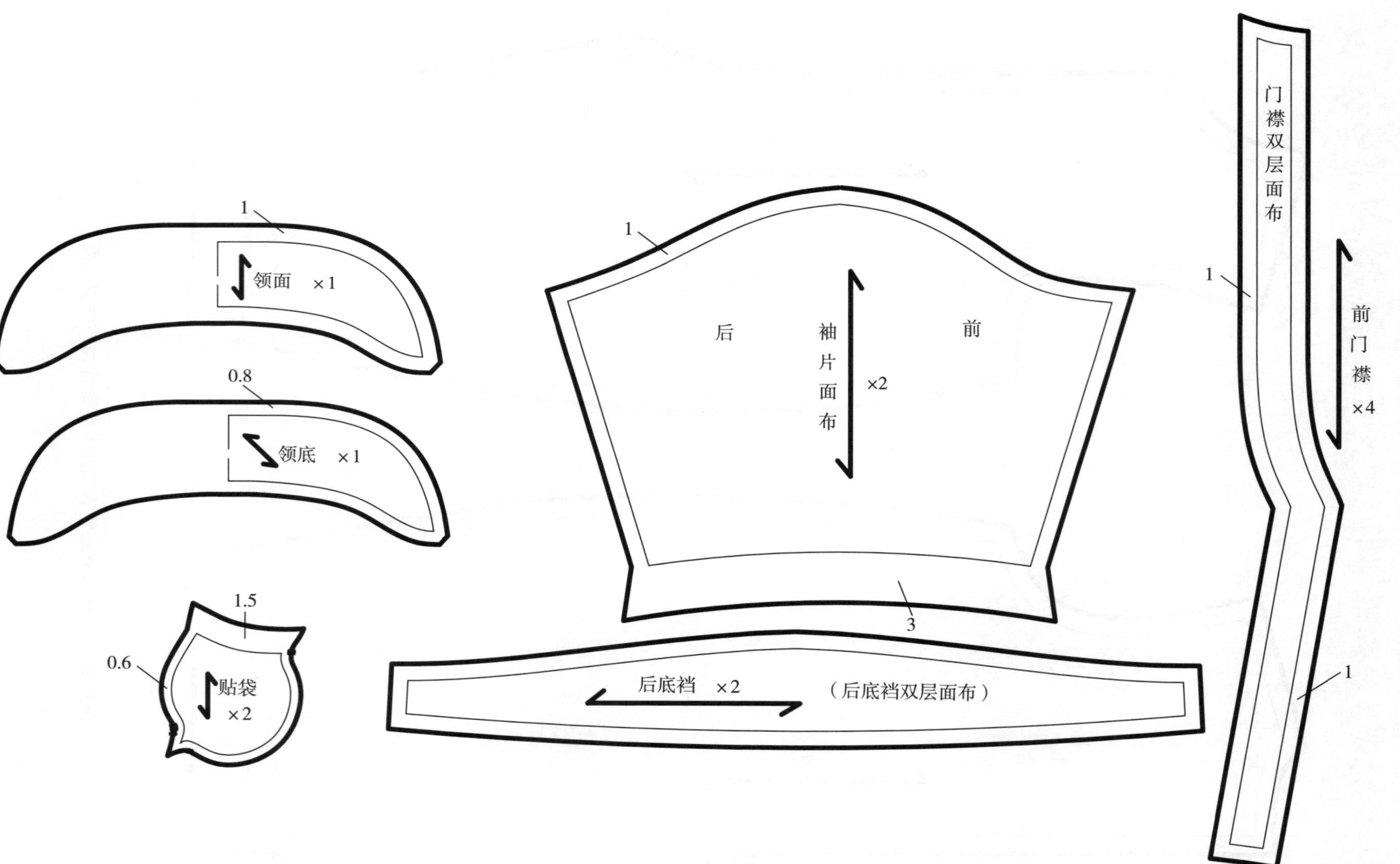

图4–27　冬季长袖连体衣袖片及零部件面布裁剪样板

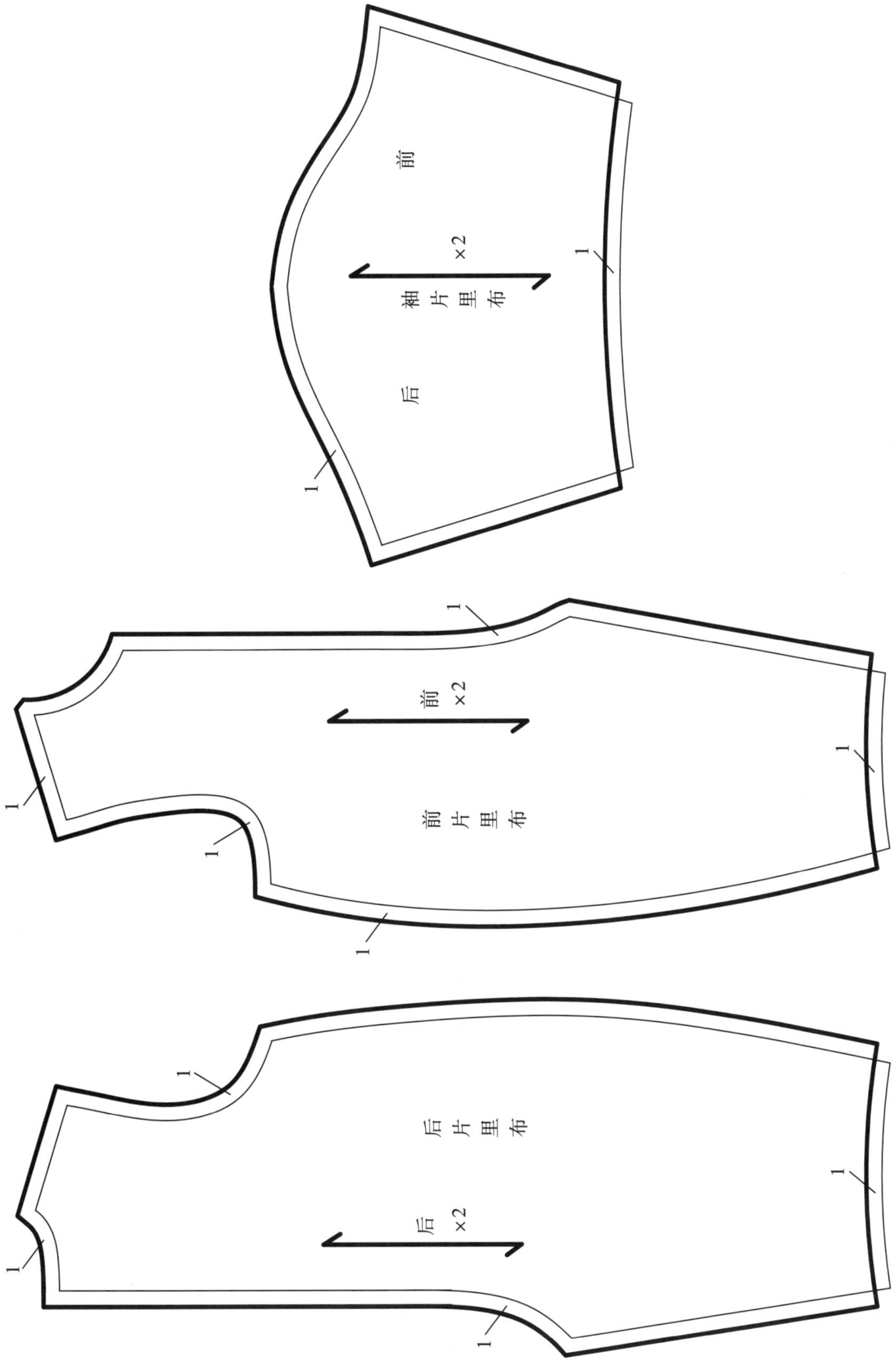

前
×2
袖片里布
后

前
×2
前片里布

后片里布
后
×2

1

图4-28　冬季长袖连体衣里布裁剪样板

服饰品

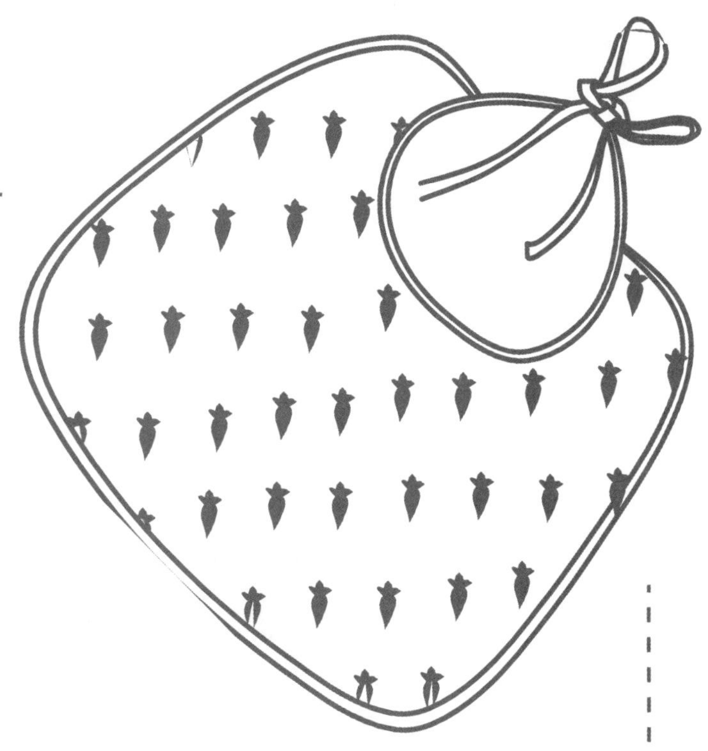

教学目标： 1. 掌握婴幼童服饰品的品种样式；

2. 掌握婴幼童服饰品常用的规格尺寸及结构样板；

4. 掌握婴幼童服饰品的工艺制作。

教学重点： 1. 婴幼童服饰品的款式设计；

2. 婴幼童服饰品的制板与工艺方式。

教学方法： 1. 引入法：如引入婴幼童的生活习性讲述服饰品的款式设计及使用场合；

2. 演示法：直接示范婴幼童服饰品的款式绘制和结构制板；

3. 实践法：学生自己做项目进行款式设计与结构制板。

一、口罩

幼童外出时为防止流感等病毒感染及城市烟尘污染，戴上口罩更安全，在冬天也可防御冷空气。罩面采用双层布料，一般为针织汗布，里面可衬棉。

1. 款式设计图（图 5–1）

图5–1　口罩款式图

2. 结构尺寸

口罩结构尺寸见图 5–2。

3. 结构制图

口罩结构制图以身高 80cm 幼童为例，如图 5–2 所示。

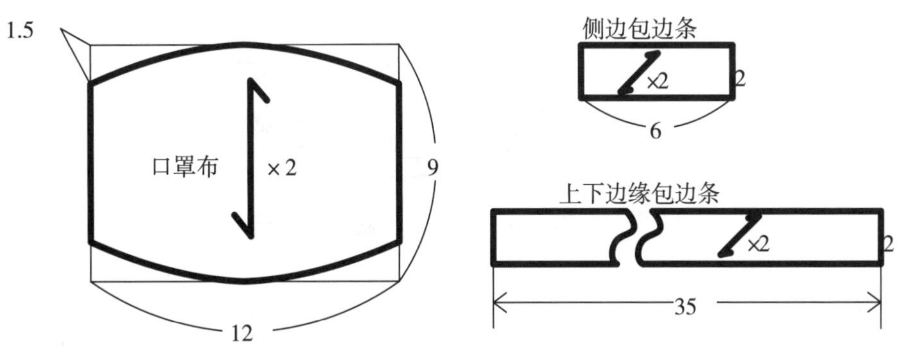

图5–2　口罩结构制图

4. 裁剪样板

口罩裁剪样板如图 5–3 所示。

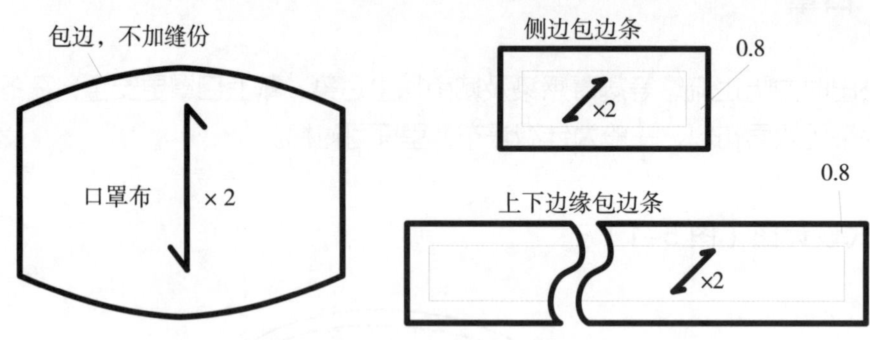

图5-3　口罩裁剪样板

二、花瓣形围嘴

上层为棉布，下层为不透水的涂层布。由于外围边缘呈凹凸曲线，因此可先把内圈缝制，然后翻正后把外围边缘直接重叠拷边。

1. 款式设计图（图 5-4）

图5-4　花瓣形围嘴款式设计图

2. 结构尺寸

花瓣形围嘴结构尺寸见图 5-5。

3. 结构制图

花瓣形围嘴结构制图以身高 80cm 幼童为例，如图 5-5 所示。

4. 裁剪样板

花瓣形围嘴裁剪样板如图 5-6 所示。

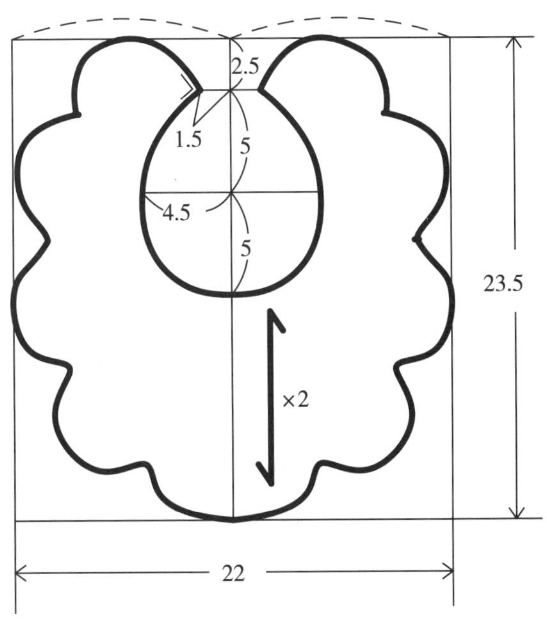

图5-5 花瓣形围嘴结构制图

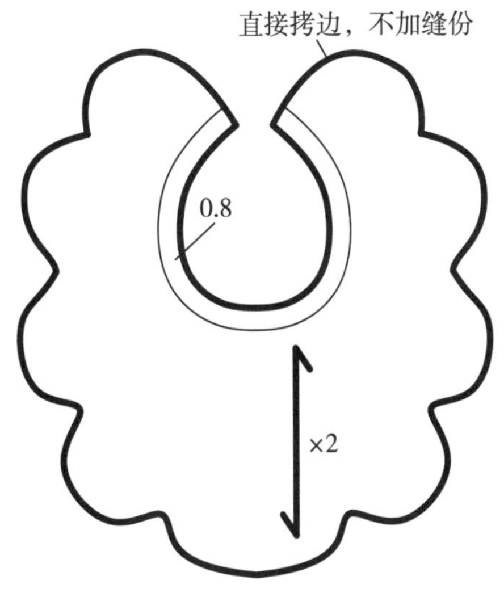

图5-6 花瓣形围嘴裁剪样板

三、圆弧形围嘴

材料与花瓣形围嘴类同，边缘采用包边工艺。

1. 款式设计图（图 5–7）

图5–7 圆弧形围嘴款式设计图

2. 结构尺寸

圆弧形围嘴结构尺寸见图 5–8。

3. 结构制图

圆弧形围嘴结构制图以身高 80cm 幼童为例，如图 5-8 所示。

4. 裁剪样板

圆弧形围嘴裁剪样板如图 5-9 所示。

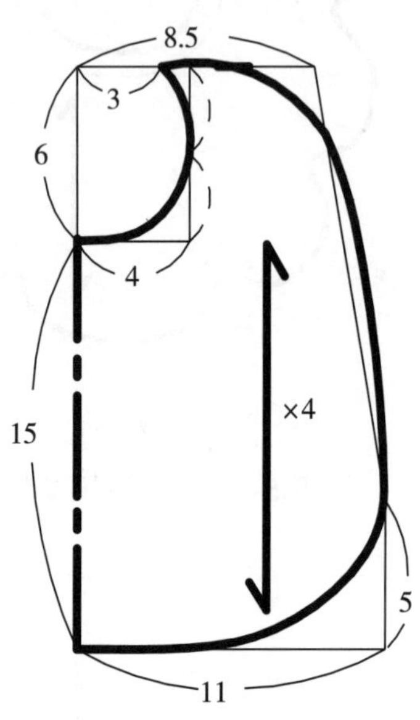

图5-8　圆弧形围嘴结构制图

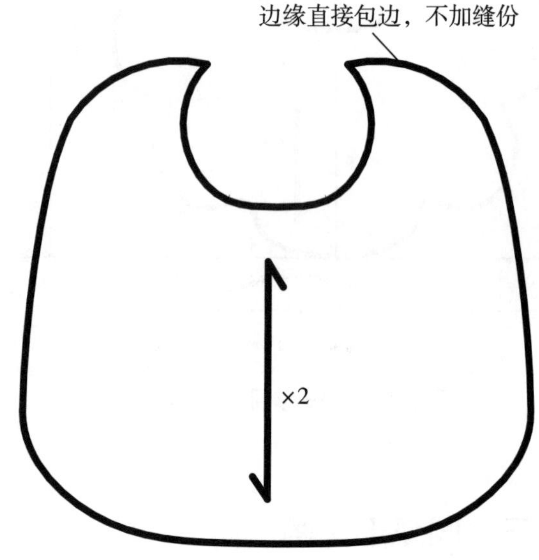

图5-9　圆弧形围嘴裁剪样板

四、帽子

幼童在冬天外出时戴上帽子可防御冷空气。

1. 款式设计图（图 5-10）

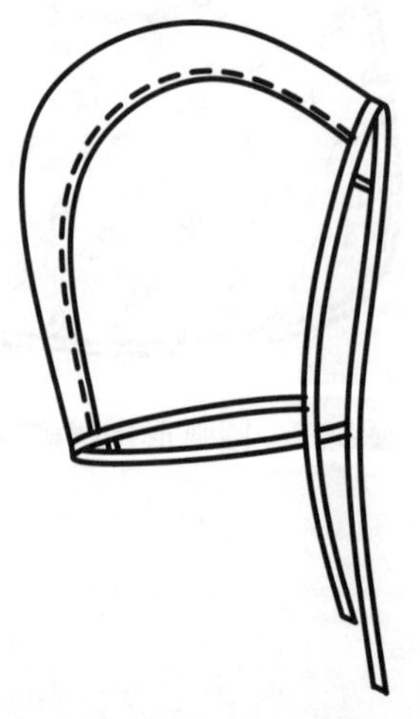

图5-10　帽子款式设计图

2. 结构尺寸

帽子结构尺寸见图 5–11。

3. 结构制图

帽子结构制图以身高 80cm 幼童为例，如图 5–11 所示。

4. 裁剪样板

帽子裁剪样板如图 5–12 所示。

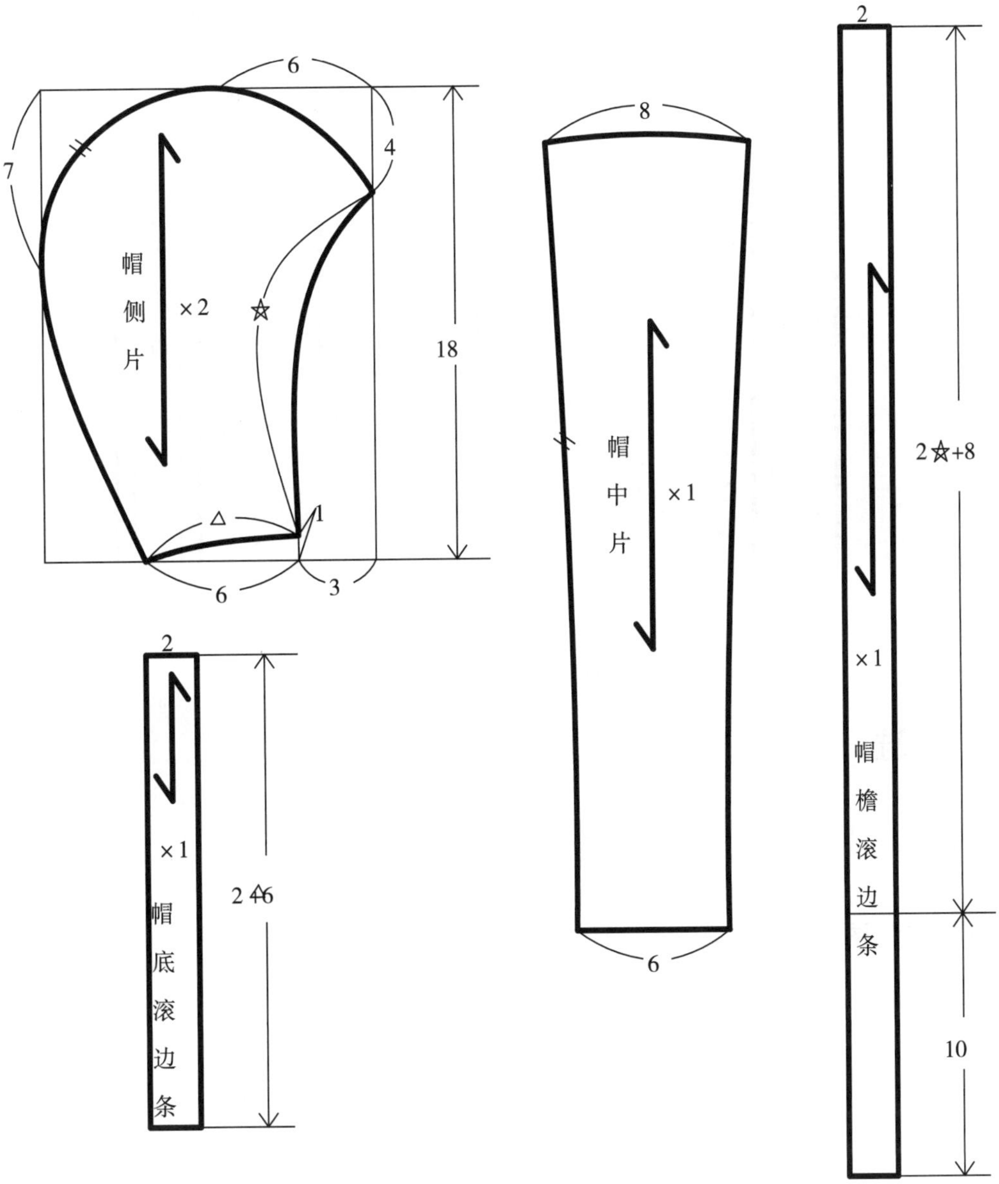

图5–11　帽子结构制图

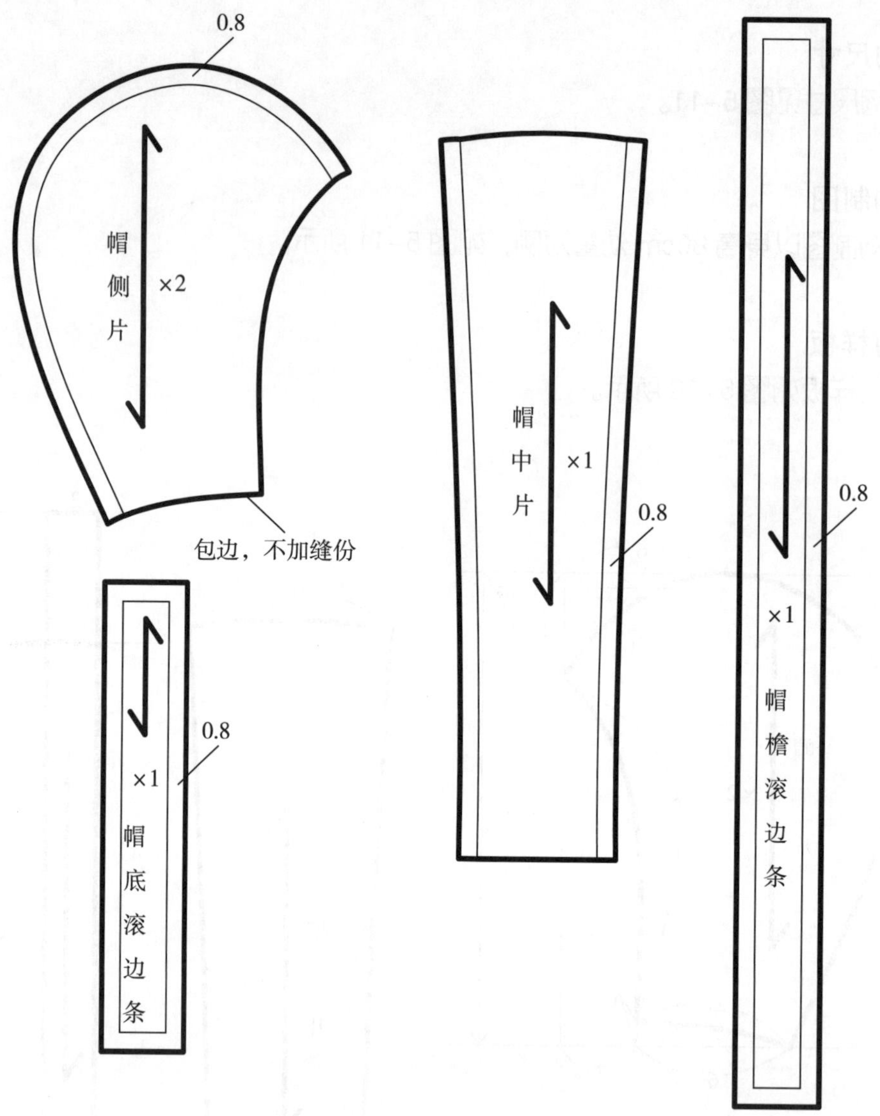

图5-12　帽子裁剪样板

五、布鞋

幼童外出时穿上柔软的布鞋可防御寒冷。

1. 款式设计图（图 5-13）

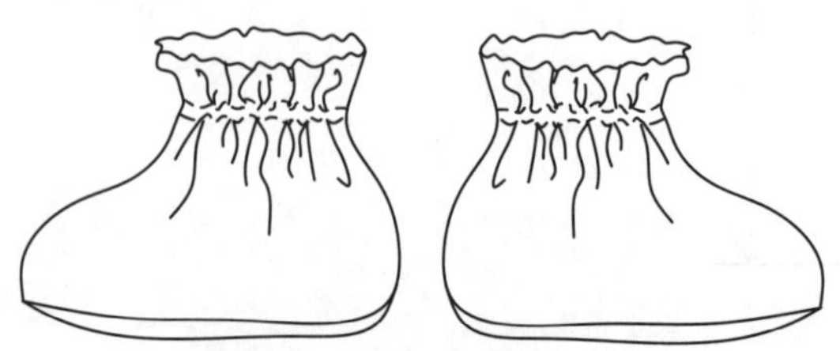

图5-13　布鞋款式设计图

2. 结构尺寸

布鞋结构尺寸见图 5-14。

3. 结构制图

布鞋结构制图以身高 80cm 幼童为例，如图 5-14 所示。

4. 裁剪样板

布鞋裁剪样板如图 5-15 所示。

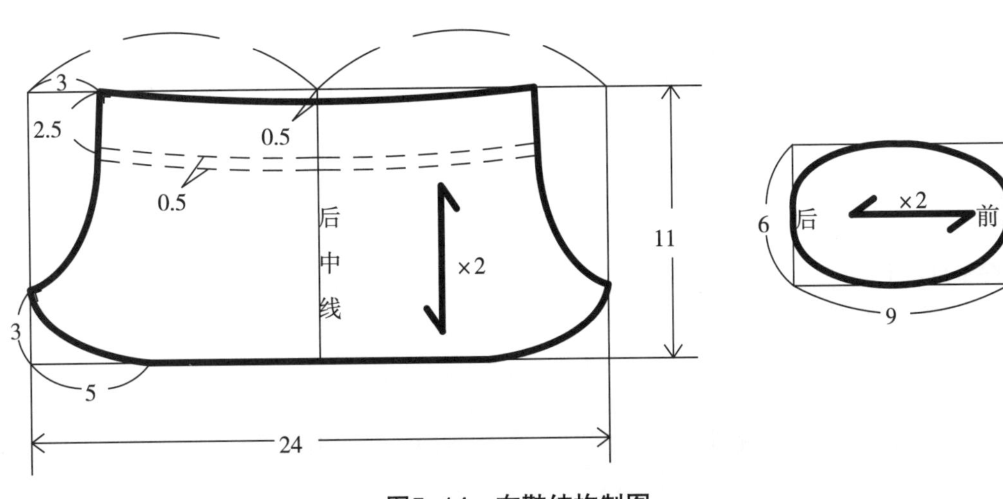

图5-14　布鞋结构制图

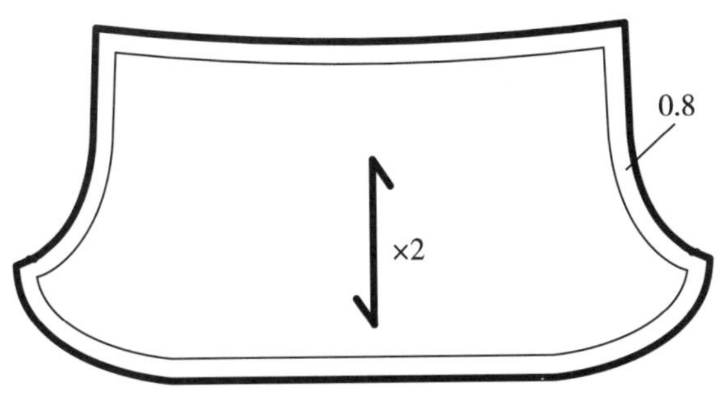

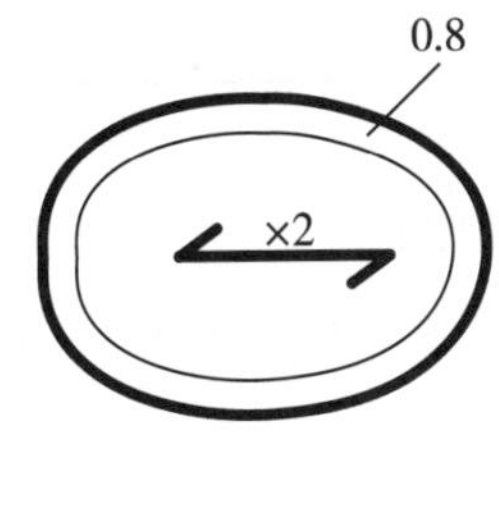

图5-15　布鞋裁剪样板

六、罩衣

吃饭时防止食物弄脏衣服。

1. 款式设计图（图 5-16）

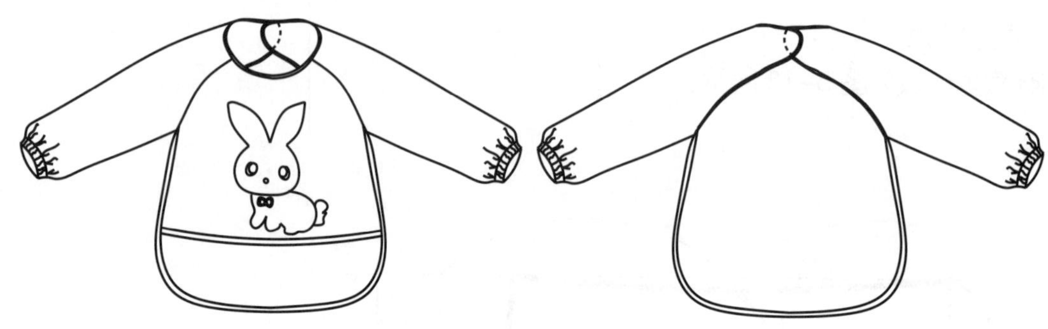

图5-16 罩衣款式设计图

2. 结构尺寸

罩衣结构尺寸见表 5-1。

表5-1 罩衣结构尺寸　　单位：cm

身高	衣长	胸围	肩宽	领围	袖窿深	袖长	袖口宽
73	36	58	23.5	26.5	12	23	8.5
80	38	60	25	27	12.5	26	9
90	41	64	26.5	28	13	29	9.5
100	44	68	28	29	14	32	10

3. 结构制图

罩衣结构制图以身高 80cm 幼童为例，如图 5-17 所示。

4. 裁剪样板

罩衣裁剪样板如图 5-18 所示。

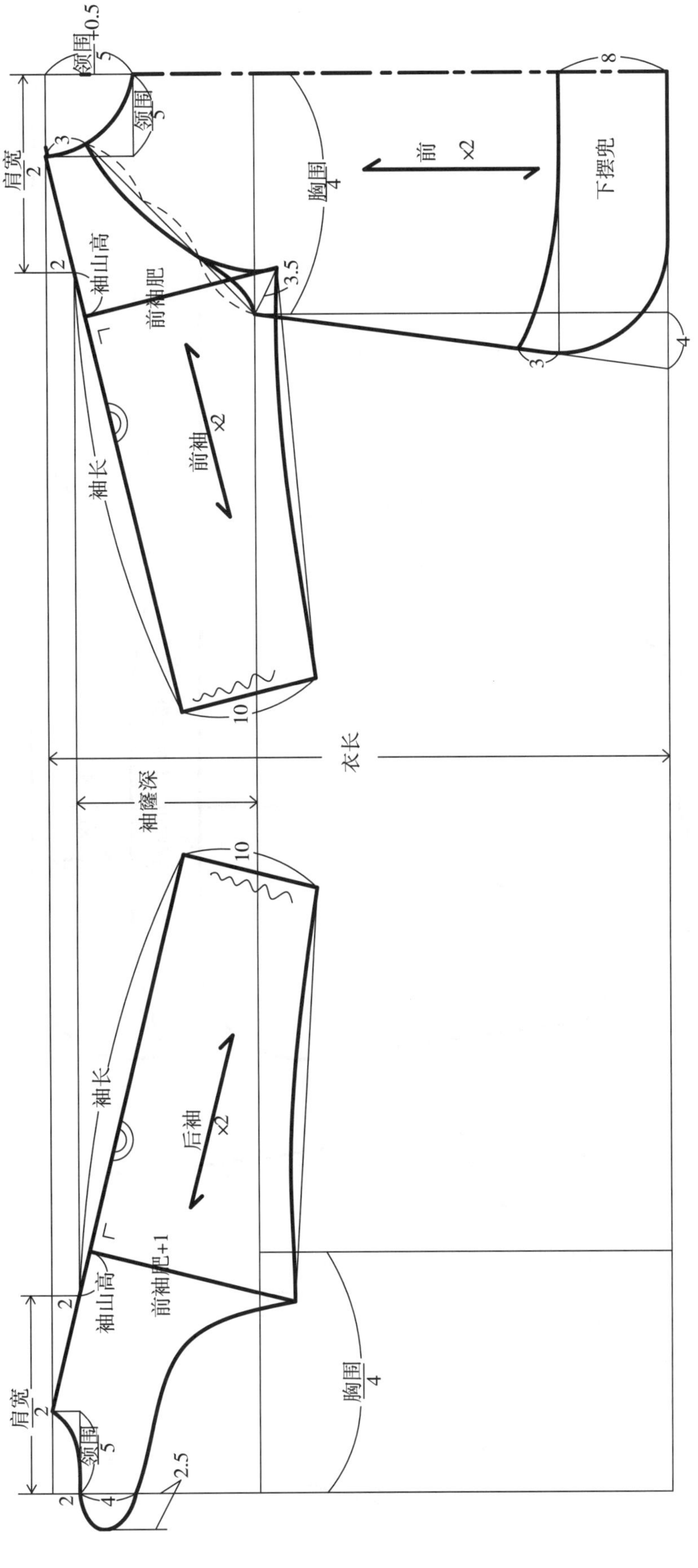

图5-17 罩衣结构制图

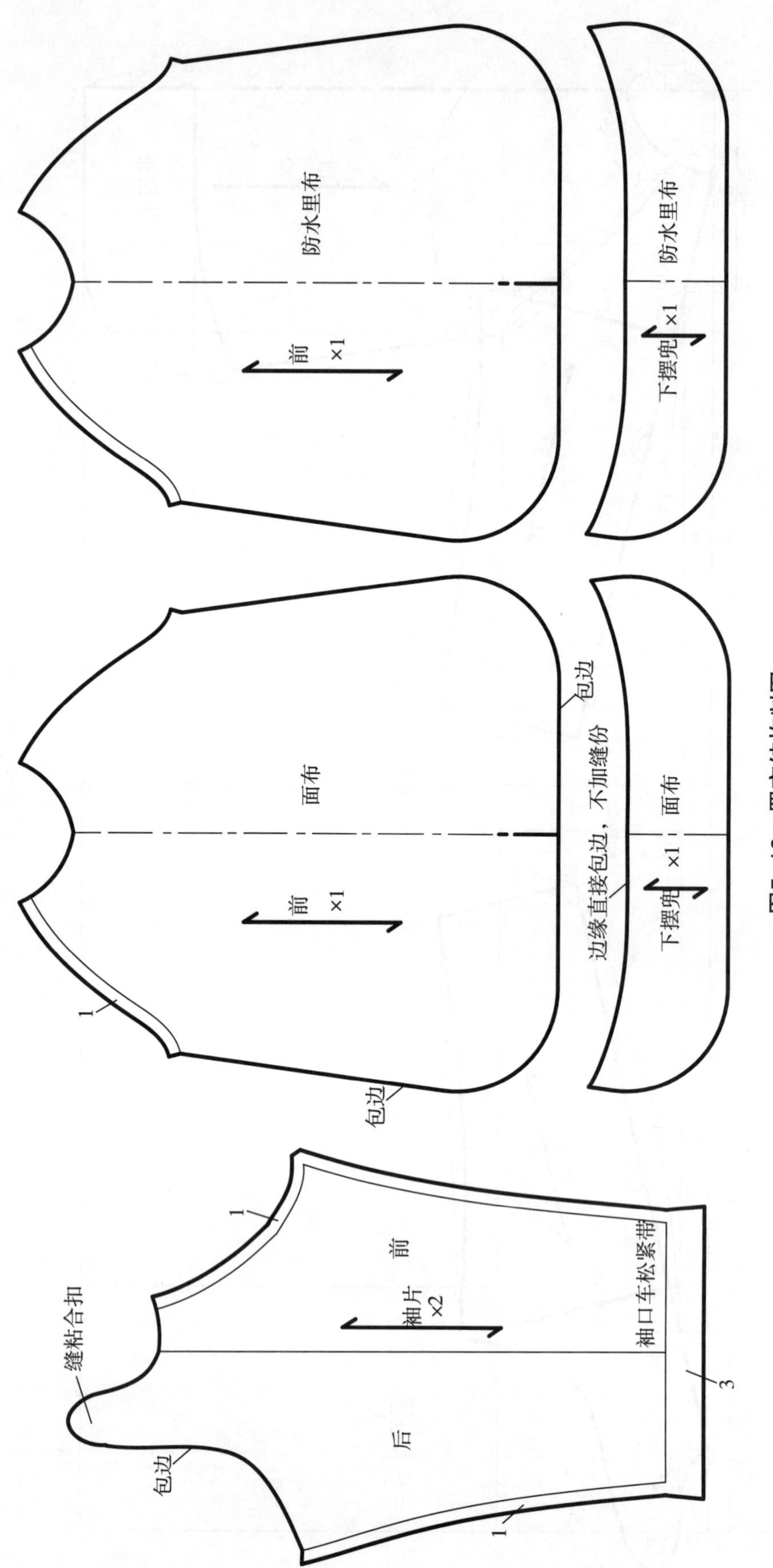
防水里布
前
×1
防水里布
下摆兜
×1
面布
前
×1
包边
边缘直接包边，不加缝份
面布
下摆兜
×1
1
包边
缝粘合扣
前
袖片
×2
后
袖口车松紧带
1
3
包边
1

图5-18　罩衣结构制图

参考文献

[1] ［韩］金元美．超人气手作宝宝服[M]．金善花，译．北京：北京科学技术出版社，2013.

[2] 叶清珠．童装设计与结构制图[M]．上海：东华大学出版社，2015.

[3] 马芳，李晓英，侯东昱．童装结构设计与应用[M]．北京：中国纺织出版社，2011.

[4] 吕学海，杨奇军．服装结构原理与制图技术[M]．北京：中国纺织出版社，2008.

[5] 吴俊．男装童装结构设计与应用[M]．北京：中国纺织出版社，2001.

[6] 国家质量监督检验检疫总局，国家标准化管理委员会．服装号型 儿童：GB/T 1335.3-2009[S]．北京：中国标准出版社，2009.